目標点数別・公立入試の

数学

JN007776

基礎編

東京学参公式HPで、Web解説「タコの巻」をダウンロード!

自信のない単元や、各章のはじまりにある実力チェックテストで解けなかった単元を学習しなおそう。豊富な例題も!

▲ここからアクセス

タコの巻
〜基礎編〜

はじめに

　この問題集は、公立高校入試で志望校に合格するための力を、基礎から積み上げていくためのものです。本書は公立高校入試で実際に出た問題で構成されているので、本番での実戦力や確かな数学力が身につきます。

　まずは自分自身の目標得点をしっかりと把握してから取り組みましょう。下の空欄を埋めてみてください。やみくもに高得点を狙う必要はなく、志望校合格のために必要な点数を取れれば良いのです。確実に目標点を取るための勉強をしましょう。

- ● 志望校合格には、○○点必要！
- ● 模擬試験や過去問題だと○○点取れる
- ➡ 本番では数学で○○点取りたい

この差を
埋める必要がある

目次

本書の特長

- 目標得点別（30点・50点・70点）コース設定。
- ステップアップ式だから無理なく対策できる。
- Web解説 "タコの巻" では各単元の学び直しができる。豊富な例題167題！

なぜ "虎の巻" じゃなくて "タコの巻" ？

理解への "手" がかりや "足" がかりを多く紹介しているので、
虎よりも手足の多いタコにあやかり "タコの巻" としました。
問題を解くための "手" を増やして、目標得点をゲット！

* 「虎の巻」とは門外不出の秘伝が書かれている書のこと

本書の使い方

実力チェックテスト	実力チェックテストで得意・不得意な単元をチェック！ 解けなかった問題は解説をしっかり読んで復習。
Web解説「タコの巻」リカバリーコース	実力チェックテストであぶりだされた苦手な単元を徹底復習！
問題演習	実入試の問題で演習！ 解けなかった問題は解答解説でしっかり復習。 リカバリーコースも活用しよう。

「4章公立高校入試対策テスト」にトライ。
苦手な単元は何度も繰り返し学習しよう！

本書をマスター後、さらなる高みを目指したい人は

**公立高校入試シリーズ
『実戦問題演習・公立入試の数学 実力錬成編』にチャレンジ！**

30点確保コース
実力チェックテスト

> **まずは、25〜30点を取れる実力があるか確認！**
> 25〜30点が取れれば合格できる高校もあります。

 次の22問を見てください。

ぱっと見ただけで「こんなの簡単！」と思った人は、p38第2章「50点確保コース」に進んでOKです。
そうでない人は、ひとまず解いてみましょう。
苦手な単元を把握したら、各単元の演習ページに進みましょう。

> **これらの問題が完璧に解ければ、25〜30点は確実です。**

① $4-(2-5)$ を計算しなさい。
(山形県)

② $(-7)^2-3^2$ を計算しなさい。
(山梨県)

③ $\dfrac{1}{2}+\left(-\dfrac{1}{4}\right)^2$ を計算しなさい。
(熊本県)

④ $8(x+y)-5(x-y)$ を簡単にしなさい。
(広島県)

⑤ 140を素因数分解しなさい。
(島根県)

⑥ $\sqrt{32}-\dfrac{4}{\sqrt{2}}+\sqrt{50}$ を計算しなさい。
(高知県)

⑦ x^2-6x+9 を因数分解しなさい。
(神奈川県)

⑧ $a=2$, $b=-3$ のとき、$3a^2+2b$ の値を求めなさい。
(福岡県)

⑨ 一次方程式 $3x-5=x+7$ を解きなさい。
(沖縄県)

⑩ 連立方程式 $\begin{cases} 3x+4y=1 \\ 2x-y=8 \end{cases}$ を解きなさい。
(鳥取県)

⑪ 等式 $a=\dfrac{5b+3c}{8}$ を c について解きなさい。
(静岡県)

⑫ 方程式 $x^2-3=5x+11$ を解きなさい。
(編集部)

⑬ 二次方程式 $(x+1)^2=7$ の解を求めなさい。
(京都府)

⑭ y が x に反比例し、$x=2$ のとき $y=8$ である。y を x の式で表しなさい。
(北海道)

⑮　関数 $y = 2x^2$ について，x の値が3から5まで増加するときの変化の割合を求めなさい。（山口県）

⑯　右の図は，点Oを対称の中心とする点対称な図形の一部です。残りの部分をかき，図形を完成させなさい。　　　　（岩手県）

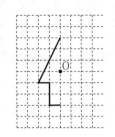

⑰　右の図のような，半径が3cmの円Oを底面とし，高さが4cmの円錐があります。この円錐の体積を求めなさい。ただし，円周率を π とする。　　　　　　　　　　　（宮城県）

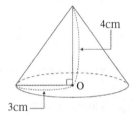

⑱　右の図の円Oで $\angle x$ の大きさを求めなさい。

　　　　　　　　　　　　　　　　　　　（福井県）

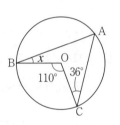

⑲　下の図のように，直線 ℓ 上の点A，ℓ 上にない点Bがある。このとき，下の【条件】をともに満たす点Pを作図によって求めなさい。　　　（栃木県）

【条件】
・点Pは直線 ℓ 上にある。
・AP＝BPである。

⑳　右の図の直角三角形で辺ACの長さを求めなさい。

　　　　　　　　　　　　　　　　　（岩手県）

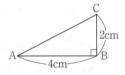

㉑　大小2つのさいころを同時に1回投げるとき，大小2つのさいころの目の出る数の和が8になる確率を求めなさい。　　　　　　　　　　　（長崎県）

㉒　下の資料は，ある中学校の生徒10人の通学時間の記録を示したものである。この資料の生徒10人の通学時間の記録の中央値を求めなさい。　　　　（福島県）

資料　18, 4, 20, 7, 9, 10, 13, 25, 18, 11 （単位：分）

実力チェックテスト 解答解説

解答・解説

① $4-(2-5)=4-(-3)=4+(+3)=\underline{7}$　② $(-7)^2-3^2=49-9=\underline{40}$

③ $\dfrac{1}{2}+\left(-\dfrac{1}{4}\right)^2=\dfrac{1}{2}+\dfrac{1\times1}{4\times4}=\dfrac{1\times8}{2\times8}+\dfrac{1}{16}=\dfrac{8}{16}+\dfrac{1}{16}=\underline{\dfrac{9}{16}}$

④ $8(x+y)-5(x-y)=8x+8y-5x+5y=\underline{3x+13y}$

P8
計算・文字と式

⑤ $140=\underline{2^2\times5\times7}$

P10
数の性質

⑥ $\sqrt{32}=\sqrt{2}\times\sqrt{2}\times\sqrt{2}\times\sqrt{2}\times\sqrt{2}=4\sqrt{2}$　　$\dfrac{4}{\sqrt{2}}=\dfrac{4\times\sqrt{2}}{\sqrt{2}\times\sqrt{2}}=\dfrac{4\sqrt{2}}{2}=2\sqrt{2}$

　$\sqrt{50}=\sqrt{2}\times\sqrt{5}\times\sqrt{5}=5\sqrt{2}$　　よって，$\sqrt{32}-\dfrac{4}{\sqrt{2}}+\sqrt{50}=4\sqrt{2}-2\sqrt{2}+5\sqrt{2}=\underline{7\sqrt{2}}$

⑦ たして-6，かけて9になる2数は-3と-3　よって，$(x-3)(x-3)$

　$=\underline{(x-3)^2}$　$x^2-2\times3\times x+3^2=\underline{(x-3)^2}$と公式を使ってもよい。

P12
因数分解・平方根

⑧ $a=2$，$b=-3$のとき，$3a^2+2b=3\times2^2+2\times(-3)=3\times4+(-6)=12+(-6)=\underline{6}$

⑨ $3x-5=x+7$　$3x-x=7+5$　$2x=12$　$\underline{x=6}$

⑩ $3x+4y=1$…ア，$2x-y=8$…イ　イの両辺を4倍すると，$8x-4y=32$…ウ　ア＋ウから，

　$11x=33$　$\underline{x=3}$　これをアに代入すると，$3\times3+4y=1$　$4y=-8$　$\underline{y=-2}$

　（ア×2－イ×3でxを消去してもよい。すると，$11y=-22$，$y=-2$）

⑪ $a=\dfrac{5b+3c}{8}$の両辺を8倍して，左辺と右辺を入れかえると，

　$5b+3c=8a$　$3c=8a-5b$　両辺を3でわって，$\underline{c=\dfrac{8a-5b}{3}}$

P15
一次方程式

⑫ $x^2-3=5x+11$を移項して整理すると，$x^2-5x-14=0$　左辺を因数分解して，$(x-7)(x+2)$

　$=0$　　よって，$\underline{x=7}$，$\underline{-2}$

⑬ $(x+1)$は2乗して7になるのだから7の平方根である。

　よって，$x+1=\pm\sqrt{7}$　$+1$を移項すると，$\underline{x=-1\pm\sqrt{7}}$

P18
二次方程式

⑭ yがxに反比例するとき，xyの値は一定である。よって，$xy=2\times8=16$　$\underline{y=\dfrac{16}{x}}$

⑮　$y=2x^2$について，$x=3$，$x=5$のときのyの値はそれぞれ，$y=2\times3^2=2\times9=18$，

$y=2\times5^2=2\times25=50$　　変化の割合$=\dfrac{(yの増加量)}{(xの増加量)}=\dfrac{50-18}{5-3}=\dfrac{32}{2}=\underline{16}$

P20
関数基礎

⑯　右の図のように，AO，BO，CO，DO，EOの

　　延長線上に，AO=FO，BO=GO，CO=HO，

　　DO=IO，EO=JOとなる点F，G，H，I，Jを

　　とり，順に結べばよい。

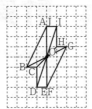

P24
図形基礎合同

⑰　底面の円の半径が3cm，高さが4cmの円錐(すい)だから，

　　体積は，$\dfrac{1}{3}\pi\times3^2\times4=\underline{12\pi\ (cm^3)}$

P26
図形基礎計量

⑱　∠Aは弧BCに対する円周角なので，$110°\div2=55°$

　　∠BOC＝∠A＋∠B＋∠Cなので，　$∠x+55°+36°=110°$　　　$∠x=\underline{19}°$

P28
円の性質

⑲　(作図手順)次の①～②の手順で作図する。

　　①　点A，Bをそれぞれ中心として，交わるように半径の等しい

　　　　円をかく。

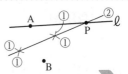

　　②　①でつくった交点を通る直線(線分ABの垂直二等分線)を引き，

　　　　直線ℓとの交点をPとする。

P30
作図

⑳　△ABCで三平方の定理を用いると，$AC^2=AB^2+BC^2=4^2+2^2=20$

　　よって，$AC=\pm\sqrt{20}=\pm2\sqrt{5}$　　ACは正の数なので，$AC=\underline{2\sqrt{5}\ (cm)}$

P32
三平方の定理

㉑　右の表は，大小2つのさいころを同時に投げるとき

　　の目の出方をまとめたものであり，目の出方の総

　　数は，$6\times6=36$(通り)

　　出る目の数の和が8となるのは右の表の○印の5通

　　りあるので，その確率は，$\dfrac{5}{36}$

小\大	1	2	3	4	5	6
1					△	
2					△	○
3				○	△	
4			○		△	
5	△	○	△	△		△
6	○				△	

P34
確率

㉒　中央値は資料の値を大きさの順に並べたときの中央の値。10人の記録を小さい順に並べる

　　と，4，7，9，10，11，13，18，18，20，25。生徒の人数は

　　10人で偶数だから，中央値は，記録の小さい方から5番目の11分と

　　6番目の13分の平均値$\dfrac{11+13}{2}=\underline{12}$(分)

P36
データの活用・標本調査

1章 30点確保コース
計算・文字と式

まずは ▶▶▶ タコの巻 リカバリーコース **1** **2** で解き方を確認！

[1] 次の式を計算しなさい。

(1) $(-12)+(+4)$

（群馬県）

(2) $7-(-11)$

（佐賀県）

(3) $(-4)×(-2)$

（栃木県）

(4) $-56÷7$

（長野県）

(5) $5-(-8)×2$

（島根県）

(6) $-9+6÷3$

（宮城県）

(7) $-2^2+(-3)^2×4$

（青森県）

(8) $(-3)^2+7÷\left(-\dfrac{1}{2}\right)$

（香川県）

(9) $\dfrac{1}{2}+\dfrac{2}{5}×\left(-\dfrac{7}{4}\right)$

（山形県）

(10) $3(a+9)-6(7-5a)$

（鹿児島県）

(11) $(6ab^2-4a^2b)÷2ab$

（滋賀県）

(12) $27a^2b÷12a^2×4ab$

（愛媛県）

[2] 次の各問いに答えなさい。

(1) $a=2$のとき，a^2+aの値を求めなさい。

（長崎県）

(2) $a=4$，$b=-2$のとき，$2a^2÷\left(-\dfrac{1}{3}ab^2\right)×\dfrac{1}{6}ab$の値を求めなさい。

（茨城県）

[3] 次の各問いに答えなさい。

(1) $(x+3)^2$を展開しなさい。

（福島県）

(2) $(x-4)(x+4)$を展開しなさい。

（栃木県）

(3) $a=\dfrac{3}{5}$のとき，$(a+4)^2-a(a+3)$の式の値を求めなさい。

（静岡県）

1章 30点確保コース

計算・文字と式 解答解説

解 答

[1] (1) -8　(2) 18　(3) 8　(4) -8　(5) 21　(6) -7

(7) 32　(8) -5　(9) $-\dfrac{1}{5}$　(10) $33a-15$　(11) $3b-2a$　(12) $9ab^2$

[2] (1) 6　(2) 8　[3] (1) x^2+6x+9　(2) x^2-16　(3) 19

解 説

[1] (1) $(-12)+(+4)$…12負けて4勝った⇒8負けている…$\underline{-8}$

(2) $7-(-11)$…$-(\ )$は$+(\ )$に直す⇒$7+(+11)=\underline{18}$

(3) $(-4)\times(-2)$…$\boxed{-}\times\boxed{-}\Rightarrow\boxed{+}$…$(-4)\times(-2)=\underline{8}$

(4) $\boxed{-}\div\boxed{+}\Rightarrow\boxed{-}$…$-56\div7=\underline{-8}$　(5) $5-(-8)\times2=5-(-16)=5+(+16)=\underline{21}$

(6) $-9+6\div3=-9+2=\underline{-7}$　(7) $-2^2+(-3)^2\times4=-4+9\times4=-4+36=\underline{32}$

(8) $(-3)^2+7\div\left(-\dfrac{1}{2}\right)=9+7\times\left(-\dfrac{2}{1}\right)=9+7\times(-2)=9+(-14)=\underline{-5}$

(9) $\dfrac{1}{2}+\dfrac{2}{5}\times\left(-\dfrac{7}{4}\right)=\dfrac{1}{2}+\left(-\dfrac{2\times7}{5\times4}\right)=\dfrac{1}{2}+\left(-\dfrac{7}{10}\right)=\dfrac{5}{10}+\left(-\dfrac{7}{10}\right)=-\dfrac{2}{10}=-\dfrac{1}{5}$

(10) $3(a+9)-6(7-5a)=3a+3\times9-6\times7-6\times(-5a)=3a+27-42+30a=\underline{33a-15}$

(11) $(6ab^2-4a^2b)\div2ab=\dfrac{6ab^2}{2ab}-\dfrac{4a^2b}{2ab}=\underline{3b-2a}$

(12) $27a^2b\div12a^2\times4ab$　$27\div12\times4=\dfrac{27\times4}{12}=9$　$a^2\div a^2\times a=a$　$b\times b=b^2$　よって，$\underline{9ab^2}$

[2] (1) $a=2$をa^2+aに代入すると，$2^2+2=4+2=\underline{6}$

(2) $2a^2\div\left(-\dfrac{1}{3}ab^2\right)\times\dfrac{1}{6}ab=2a^2\div\left(-\dfrac{ab^2}{3}\right)\times\dfrac{ab}{6}=-2a^2\times\dfrac{3}{ab^2}\times\dfrac{ab}{6}=-\dfrac{a^2}{b}$

$a=4$，$b=-2$を$-\dfrac{a^2}{b}$に代入すると，$-\dfrac{4^2}{-2}=\dfrac{16}{2}=\underline{8}$

[3] (1) $(x+3)^2=(x+3)(x+3)=x^2+3x+3x+9=\underline{x^2+6x+9}$　（$x^2+2\times3\times x+3^2$と計算できる。）

(2) $(x-4)(x+4)=x^2+4x-4x-16=\underline{x^2-16}$　（x^2-4^2としてよい。）

(3) $(a+4)^2-a(a+3)=a^2+8a+16-a^2-3a=5a+16$

この式に$a=\dfrac{3}{5}$を代入すると，$5\times\dfrac{3}{5}+16=3+16=\underline{19}$

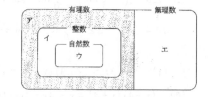

1章　30点確保コース

数の性質

2

まずは ▶▶▶ タコの巻 リカバリーコース **3** で解き方を確認！

次の各問いに答えなさい。

(1)　2.7,　$-\dfrac{7}{3}$,　-3,　$\sqrt{6}$ の中で，絶対値が最も大きい数を選びなさい。　　　　（青森県）

(2)　次の5つの数の中から，無理数をすべて選びなさい。　　　　（秋田県）

$$\sqrt{2},\ \sqrt{9},\ \dfrac{5}{7},\ -0.6,\ \pi$$

(3)　右の条件①と条件②の両方を満たす数
　　を答えなさい。　　　　（山口県）

| 条件①　4より大きく5より小さい無理数である |
| 条件②　2乗すると18より小さい整数となる |

(4)　ある日のA市の最低気温は5.3℃であり，B市の最低気温は−0.4℃であった。この日のA市
　　の最低気温は，B市の最低気温より何℃高いですか。　　　　（大阪府）

(5)　$\sqrt{56n}$ が自然数となるような，最も小さい自然数nを求めなさい。　　　　（新潟県）

(6)　次のア～エのうち，nがどのような整数であっても，連続する2つの奇数を表すものはどれ
　　か。正しいものを1つ選んで，その記号を書け。　　　　（香川県）

　　　　ア　$n,\ n+1$　　　　イ　$n+1,\ n+3$　　　　ウ　$2n,\ 2n+2$　　　　エ　$2n+1,\ 2n+3$

(7)　図は，中学校で学習した数について，それらの関係
　　を表したものである。次の①～③の数は，図のア～エ
　　のどこに入るか。ア～エのうち，最も適切なものをそ
　　れぞれ1つ選び，記号で答えなさい。　　　　（群馬県）

　　　　①　5　　　②　$\sqrt{3}$　　　③　$\dfrac{3}{11}$

1章 30点確保コース
数の性質 解答解説

解答

(1) -3　　(2) $\sqrt{2}$, π　　(3) $\sqrt{17}$　　(4) 5.7℃　　(5) $n=14$　　(6) エ

(7) ① ウ　② エ　③ ア

解説

(1)　数直線上で，ある数に対応する点と原点との距離を，その数の絶対値という。また，ある数の絶対値は，その数から＋やーの符号を取りさった数ということもできる。これより，2.7の絶対値は2.7，$-\dfrac{7}{3}$の絶対値は$\dfrac{7}{3}=2\dfrac{1}{3}=2.333\cdots$，$-3$の絶対値は3，$\sqrt{6}$の絶対値は$\sqrt{6}$であり，$\sqrt{4}<\sqrt{6}<\sqrt{9}$より$2<\sqrt{6}<3$だから，絶対値が最も大きい数は$\underline{-3}$

(2)　分数の形には表せない数を無理数という。また，円周率πも無理数である。よって，$\sqrt{9}=\sqrt{3^2}=3=\dfrac{3}{1}$，$-0.6=-\dfrac{6}{10}=-\dfrac{3}{5}$より，$\underline{\sqrt{2}}$と$\underline{\pi}$が無理数である。

(3)　4より大きく5より小さい無理数を$\sqrt{x}$とすると，$4<\sqrt{x}<5$より，$\sqrt{16}<\sqrt{x}<\sqrt{25}$だから，$\sqrt{17}$，$\sqrt{18}$，$\sqrt{19}$，$\sqrt{20}$，$\sqrt{21}$，$\sqrt{22}$，$\sqrt{23}$，$\sqrt{24}$の8個が考えられる。このうち，2乗すると18より小さい整数となるのは，$(\sqrt{17})^2=17$，$(\sqrt{18})^2=18$より，$\underline{\sqrt{17}}$である。

(4)　$5.3-(-0.4)=5.3+0.4=5.7$（℃）より，$\underline{5.7℃}$高い。

(5)　56を素因数分解すると，$56=2^3\times7$より，$n=(2\times7)\times k^2$（kは自然数）と表されるとき，$\sqrt{56n}$は自然数となる。このとき，$\sqrt{56n}=\sqrt{56\times(2\times7)\times k^2}=28k$より，$k=1$のとき，$n$は最も小さくなり，その値は$n=(2\times7)\times1^2=\underline{14}$

(6)　ア：連続する2つの整数を表す。　イ：nが偶数のとき連続する2つの奇数，nが奇数のとき連続する2つの偶数を表す。　ウ：連続する2つの偶数を表す。　エ：連続する2つの奇数を表す。

(7)　正の整数を自然数というから，5は$\underline{ウ}$に入る。分数の形には表せない数を無理数という。$\sqrt{3}$は3の正の平方根であり，分数の形には表せないから，$\underline{エ}$に入る。分数の形に表される数を有理数というから，$\dfrac{3}{11}$は$\underline{ア}$に入る。

1章　30点確保コース
因数分解・平方根

まずは ▶▶▶ タコの巻 リカバリーコース **4** **5** で解き方を確認！

[1]　次の各文の下線部を正しく直しなさい。　　　　　　　　　　　　　（編集部）

(1)　16の平方根は4である。　　　(2)　$\sqrt{16}$は±4である。　　　(3)　$\sqrt{(-16)^2}$は4に等しい。

[2]　次の各問いに答えなさい。

(1)　$\sqrt{51}$より小さい正の整数の個数を求めなさい。　　　　　　　　　　（岐阜県）

(2)　$\sqrt{54a}$の値が自然数となるようなaのうち，最も小さい整数aの値を求めなさい。　（富山県）

[3]　次の計算をしなさい。

(1)　$\sqrt{18}+\sqrt{2}$　　　　　(2)　$\sqrt{24}-\sqrt{6}$　　　　　(3)　$4\sqrt{3}+\sqrt{12}$
　　（岩手県）　　　　　　　　　（群馬県）　　　　　　　　　（沖縄県）

(4)　$\sqrt{75}-3\sqrt{15}\div\sqrt{5}$　　(5)　$\sqrt{27}-\sqrt{2}\times\sqrt{18}\div\sqrt{3}$　　(6)　$\dfrac{10}{\sqrt{5}}+\sqrt{45}$
　　（茨城県）　　　　　　　　　（秋田県）　　　　　　　　　（神奈川県）

(7)　$\dfrac{18}{\sqrt{3}}-\sqrt{12}$　　　(8)　$\dfrac{15}{\sqrt{3}}-\sqrt{6}\times\sqrt{2}$　　(9)　$(\sqrt{75}-\sqrt{48})\times\sqrt{6}\div2$
　　（大分県）　　　　　　　　　（千葉県）　　　　　　　　　（京都府）

[4]　次の式を因数分解しなさい。

(1)　x^2-5xy　　　(2)　$x^2-5x-24$　　　(3)　x^2-49　　　(4)　$9x^2-49y^2$
　　（岩手県）　　　　　（大阪府）　　　　　　（徳島県）　　　　　（長野県）

(5)　$4x^2-25$　　　(6)　x^2-x-20　　　(7)　$x^2-12x+36$　　　(8)　$x^2-8x+12$
　　（島根県）　　　　　（愛媛県）　　　　　（福岡県）　　　　　（沖縄県）

(9)　xy^2-4x　　　(10)　$2x^2+10x-12$　　(11)　$(x+1)(x-8)+5x$　　(12)　$12x^2+12x+3$
　　（京都府）　　　　（千葉県）　　　　　（神奈川県）　　　　　（香川県）

[5]　次の各問いに答えなさい。

(1)　$a=3$のとき，a^2-2a+1の値を求めなさい。　　　　　　　　　（長崎県）

(2)　$a=28$，$b=22$のとき，a^2-b^2の値を求めなさい。　　　　　　　（福島県）

(3)　$x=2008$，$y=2007$のとき，x^2-y^2の値を求めなさい。　　　　　　（秋田県）

(4)　$x=14$のとき，$x^2+2x-24$の値を求めなさい。　　　　　　　　（埼玉県）

(5)　$x=\sqrt{2}+1$のとき，x^2-2x+1の値を求めなさい。　　　　　　　（島根県）

因数分解・平方根 解答解説

解 答

[1]　(1)　± 4　　(2)　4　　(3)　16

[2]　(1)　7個　　(2)　$a=6$

[3]　(1)　$4\sqrt{2}$　　(2)　$\sqrt{6}$　　(3)　$6\sqrt{3}$　　(4)　$2\sqrt{3}$　　(5)　$\sqrt{3}$　　(6)　$5\sqrt{5}$

　　(7)　$4\sqrt{3}$　　(8)　$3\sqrt{3}$　　(9)　$\dfrac{3\sqrt{2}}{2}$

[4]　(1)　$x(x-5y)$　　(2)　$(x-8)(x+3)$　　(3)　$(x+7)(x-7)$　　(4)　$(3x+7y)(3x-7y)$

　　(5)　$(2x+5)(2x-5)$　　(6)　$(x-5)(x+4)$　　(7)　$(x-6)^2$　　(8)　$(x-2)(x-6)$

　　(9)　$x(y+2)(y-2)$　　(10)　$2(x+6)(x-1)$　　(11)　$(x+2)(x-4)$　　(12)　$3(2x+1)^2$

[5]　(1)　4　　(2)　300　　(3)　4015　　(4)　200　　(5)　2

解 説

[1]　(1)　16の平方根は2乗して16になる数で，-4と4の2つある。よって，16の平方根は$\underline{\pm 4}$

　　(2)　16の平方根のうち正の数は4　よって，$\sqrt{16}=\underline{4}$

　　(3)　$\sqrt{(-16)^2}=\sqrt{16^2}=\sqrt{16}\times\sqrt{16}=\underline{16}$

[2]　(1)　$\sqrt{49}<\sqrt{51}<\sqrt{64}$なので，$7<\sqrt{51}<8$　よって，$\sqrt{51}$より小さい正の整数は7以下の自然数なので$\underline{7個}$

　　(2)　$\sqrt{54a}=\sqrt{2\times3\times3\times3\times a}=3\sqrt{6a}$　よって，$\underline{a=6}$のとき$\sqrt{54a}$は自然数となる。

[3]　(1)　$\sqrt{18}+\sqrt{2}=3\sqrt{2}+\sqrt{2}=\underline{4\sqrt{2}}$　　(2)　$\sqrt{24}-\sqrt{6}=2\sqrt{6}-\sqrt{6}=\underline{\sqrt{6}}$

　　(3)　$4\sqrt{3}+\sqrt{12}=4\sqrt{3}+2\sqrt{3}=\underline{6\sqrt{3}}$

　　(4)　$\sqrt{75}-3\sqrt{15}\div\sqrt{5}=5\sqrt{3}-\dfrac{3\sqrt{3}\times\sqrt{5}}{\sqrt{5}}=5\sqrt{3}-3\sqrt{3}=\underline{2\sqrt{3}}$

　　(5)　$\sqrt{27}-\sqrt{2}\times\sqrt{18}\div\sqrt{3}=3\sqrt{3}-\dfrac{\sqrt{2}\times3\sqrt{2}}{\sqrt{3}}=3\sqrt{3}-\dfrac{6}{\sqrt{3}}=3\sqrt{3}-\dfrac{6\sqrt{3}}{\sqrt{3}\times\sqrt{3}}=3\sqrt{3}-2\sqrt{3}=\underline{\sqrt{3}}$

　　(6)　$\dfrac{10}{\sqrt{5}}+\sqrt{45}=\dfrac{10\sqrt{5}}{\sqrt{5}\times\sqrt{5}}+3\sqrt{5}=2\sqrt{5}+3\sqrt{5}=\underline{5\sqrt{5}}$

(7) $\dfrac{18}{\sqrt{3}}-\sqrt{12}=\dfrac{18\sqrt{3}}{\sqrt{3}\times\sqrt{3}}-2\sqrt{3}=6\sqrt{3}-2\sqrt{3}=\underline{4\sqrt{3}}$

(8) $\dfrac{15}{\sqrt{3}}-\sqrt{6}\times\sqrt{2}=\dfrac{15\sqrt{3}}{\sqrt{3}\times\sqrt{3}}-\sqrt{2}\times\sqrt{3}\times\sqrt{2}=5\sqrt{3}-2\sqrt{3}=\underline{3\sqrt{3}}$

(9) $(\sqrt{75}-\sqrt{48})\times\sqrt{6}\div2=(5\sqrt{3}-4\sqrt{3})\times\sqrt{6}\div2=\dfrac{\sqrt{3}\times\sqrt{2}\times\sqrt{3}}{2}=\underline{\dfrac{3\sqrt{2}}{2}}$

[4] (1) xでくくると，$x^2-5xy=\underline{x(x-5y)}$

(2) 和が-5，積が-24の2数は，-8と3　$x^2-5x-24=\underline{(x-8)(x+3)}$

(3) $x^2-49=x^2-7^2=\underline{(x+7)(x-7)}$

(4) $9x^2-49y^2=(3x)^2-(7y)^2=\underline{(3x+7y)(3x-7y)}$

(5) $4x^2-25=(2x)^2-5^2=\underline{(2x+5)(2x-5)}$

(6) 和が-1，積が-20の2数は，-5と4　$x^2-x-20=\underline{(x-5)(x+4)}$

(7) $x^2-12x+36=x^2-2\times6\times x+6^2=\underline{(x-6)^2}$

(8) $x^2-8x+12=\underline{(x-2)(x-6)}$

(9) $xy^2-4x=x(y^2-4)=\underline{x(y+2)(y-2)}$

(10) $2x^2+10x-12=2(x^2+5x-6)=\underline{2(x+6)(x-1)}$

(11) $(x+1)(x-8)+5x=x^2-7x-8+5x=x^2-2x-8=\underline{(x+2)(x-4)}$

(12) $12x^2+12x+3=3(4x^2+4x+1)=3\{(2x)^2+2\times1\times2x+1^2\}=\underline{3(2x+1)^2}$

[5] (1) $a^2-2a+1=(a-1)^2$と変形してから$a=3$を代入すると，$(3-1)^2=\underline{4}$

(2) $a^2-b^2=(a+b)(a-b)$と変形してから$a=28$，$b=22$を代入すると，

$(28+22)\times(28-22)=50\times6=\underline{300}$

(3) $x^2-y^2=(x+y)(x-y)=(2008+2007)\times(2008-2007)=4015\times1=\underline{4015}$

(4) $x^2+2x-24=(x-4)(x+6)=(14-4)\times(14+6)=10\times20=\underline{200}$

(5) $x^2-2x+1=(x-1)^2=(\sqrt{2}+1-1)^2=(\sqrt{2})^2=\underline{2}$

4 一次方程式

1章 30点確保コース

まずは ▶▶▶ タコの巻 リカバリーコース で解き方を確認！

[1] 次の方程式を解きなさい。

(1) $4x+3=-x+4$
（長崎県）

(2) $7x-2=x+1$
（埼玉県）

(3) $5x-7=9(x-3)$
（東京都）

(4) $0.16x-0.08=0.4$
（京都府）

(5) $\begin{cases} x+3y=-1 \\ x-2y=4 \end{cases}$
（埼玉県）

(6) $\begin{cases} 5x-4y=4 \\ -2x+y=2 \end{cases}$
（高知県）

(7) $\begin{cases} 3(x+y)=2x-1 \\ 2x-y=12 \end{cases}$
（鳥取県）

(8) $\begin{cases} 3x+5y=-11 \\ 2(x-5)=y \end{cases}$
（京都府）

(9) $\begin{cases} 5x+3y=7 \\ x=-y+1 \end{cases}$
（広島県）

[2] 次の各問いに答えなさい。

(1) xについての一次方程式$x+5a-2(a-2x)=4$の解が$-\dfrac{2}{5}$となるaの値を求めなさい。（秋田県）

(2) 連立方程式$\begin{cases} ax+by=-11 \cdots① \\ bx-ay=-8 \cdots② \end{cases}$の解が$x=-6$，$y=1$であるとき，$a$，$b$の値を求めなさい。

（茨城県）

(3) $1+\dfrac{a}{3}=2b$をaについて解きなさい。 （長野県）

(4) 等式 $3a-2b+5=0$ をbについて解け。 （鹿児島県）

(5) 円錐や角錐の底面の面積をS，高さをhとするとき，その体積Vは，$V=\dfrac{1}{3}Sh$で表される。
この等式をhについて解きなさい。 （千葉県）

(6) $x-2y+\boxed{}=0$をyについて解くと，$y=\dfrac{1}{2}x+3$となる。$\boxed{}$に適する数を求めなさい。（沖縄県）

(7) 一次方程式$7x=x+3$を，右の解き方のように解いた。このとき，
解き方の①の式から②の式へ変形してよい理由として，最も適切
なものを，あとのア～エからひとつ選び，記号で答えなさい。
ただし，$\boxed{a}$には方程式の解が入るが，解を求める必要はない。

（鳥取県）

解き方

$7x=x+3$
$7x-x=3$
$6x=3$ …①
$x=\boxed{a}$ …②

ア ①の式の両辺から3をひいても等式は成り立つから，②の式へ変形してよい。

イ ①の式の両辺から6をひいても等式は成り立つから，②の式へ変形してよい。

ウ ①の式の両辺を3でわっても等式は成り立つから，②の式へ変形してよい。

エ ①の式の両辺を6でわっても等式は成り立つから，②の式へ変形してよい。

一次方程式 解答解説

解　答

[1] (1) $x=\dfrac{1}{5}$　(2) $x=\dfrac{1}{2}$　(3) $x=5$　(4) $x=3$　(5) $x=2,\ y=-1$

(6) $x=-4,\ y=-6$　(7) $x=5,\ y=-2$　(8) $x=3,\ y=-4$　(9) $x=2,\ y=-1$

[2] (1) $a=2$　(2) $a=2,\ b=1$　(3) $a=6b-3$　(4) $b=\dfrac{3a+5}{2}$　(5) $h=\dfrac{3V}{S}$

(6) 6　(7) エ

解　説

[1] (1) $4x+3=-x+4$　$+3,\ -x$を移項して，$4x+x=4-3$　$5x=1$　両辺を5でわって，$\dfrac{5x}{5}=\dfrac{1}{5}$　$\underline{x=\dfrac{1}{5}}$

(2) $7x-2=x+1$　左辺の-2と右辺のxを移項して，$7x-x=1+2$　$6x=3$　両辺をxの係数の6でわって，$6x\div6=3\div6$　$\underline{x=\dfrac{1}{2}}$

(3) $5x-7=9(x-3)$　右辺を展開して，$5x-7=9x-27$　左辺の-7と右辺の$9x$をそれぞれ移項して，$5x-9x=-27+7$　$-4x=-20$　両辺を-4でわって，$\underline{x=5}$

(4) $0.16x-0.08=0.4$の両辺を100倍して，$16x-8=40$　$16x=40+8=48$　$x=\dfrac{48}{16}=\underline{3}$

(5) $x+3y=-1$…ア　$x-2y=4$…イ　アーイから，$5y=-5$　$\underline{y=-1}$
アに代入すると，$x+3\times(-1)=-1$　$x=-1+3=\underline{2}$

(6) $5x-4y=4$…ア　$-2x+y=2$…イ　ア＋イ×4から，$(5x-4y)+(-8x+4y)=4+8$
$-3x=12$　$\underline{x=-4}$　イに代入して，$-2\times(-4)+y=2$　$\underline{y=-6}$

(7) $3(x+y)=2x-1$から，$3x+3y=2x-1$　$x+3y=-1$…ア　$2x-y=12$…イ
ア＋イ×3から，$(x+3y)+(6x-3y)=-1+36$　$7x=35$　$\underline{x=5}$
アに代入すると，$5+3y=-1$　$3y=-6$　$\underline{y=-2}$

(8) $3x+5y=-11$…ア　$2(x-5)=y$から，$y=2x-10$…イ　イをアに代入して，$3x+5(2x-10)=-11$　$3x+10x-50=-11$　$13x=39$　$\underline{x=3}$　イに代入して，$y=2\times3-10=\underline{-4}$　（イから，$-2x+y=-10$…ウとして，アーウ×5の計算をしてもよい。）

(9) $5x+3y=7\cdots$ア　$x=-y+1\cdots$イ　イをアに代入すると，$5(-y+1)+3y=7$　$-5y+5+3y$ $=7$　$-2y=2$　$\underline{y=-1}$　アに代入して，$5x+3\times(-1)=7$　$5x=10$　$\underline{x=2}$

[2]　(1)　方程式$x+5a-2(a-2x)=4$を整理すると，$x+5a-2a+4x=4$　$5x+3a=4$　$x=-\dfrac{2}{5}$が 解なので，整理した式に代入すると，$5\times\left(-\dfrac{2}{5}\right)+3a=4$　$3a=4+2=6$　$\underline{a=2}$

(2)　x，yについての連立方程式$\begin{cases} ax+by=-11\cdots① \\ bx-ay=-8\cdots② \end{cases}$の解が$x=-6$，$y=1$だから，①，②に $x=-6$，$y=1$を代入して，$\begin{cases} a\times(-6)+b\times1=-11 \\ b\times(-6)-a\times1=-8 \end{cases}$　整理して，$\begin{cases} -6a+b=-11\cdots③ \\ -a-6b=-8\cdots④ \end{cases}$

③，④をa，bについての連立方程式とみて解く。③$\times6+$④より，$-36a-a=-66-8$ $-37a=-74$　$a=2$　これを③に代入して，$-6\times2+b=-11$　$b=1$　よって，$\underline{a=2}$，$\underline{b=1}$

(3)　$1+\dfrac{a}{3}=2b$の両辺を3倍すると，$3+a=6b$　よって，$\underline{a=6b-3}$

(4)　$3a-2b+5=0$の左辺の項の$3a$と$+5$を右辺に移項して，$-2b=-3a-5$　両辺を-2でわっ て，$\dfrac{-2b}{-2}=\dfrac{-3a-5}{-2}$　$\underline{b=\dfrac{3a+5}{2}}$

(5)　$V=\dfrac{1}{3}Sh$　左辺と右辺を入れかえて，$\dfrac{1}{3}Sh=V$　両辺に3をかけて，$Sh=3V$　両辺をSで わって，$\underline{h=\dfrac{3V}{S}}$

(6)　$x-2y+\boxed{}=0$の$\boxed{}$をaとしてyについて解くと，$-2y=-x-a$　両辺を-2でわると，y $=\dfrac{1}{2}x+\dfrac{1}{2}a$　この式が$y=\dfrac{1}{2}x+3$となるのだから，$\dfrac{1}{2}a=3$　よって，$a=\boxed{}=\underline{6}$　$\left(y=\dfrac{1}{2}x\right.$ $+3$の式を変形してもよい。両辺を2倍して，$2y=x+6$　移項して，$-x+2y-6=0$　　両辺 を-1でわると，$x-2y+6=0$　よって，$\boxed{}=6)$

(7)　等式は同じ数(0以外)で両辺をわっても成立する。また，左辺をxにするためには，両辺 をxの係数6でわればよい。したがって，$\underline{エ}$となる。

5 二次方程式

まずは ▶▶▶ タコの巻 リカバリーコース で解き方を確認！

[1]　次の方程式を解きなさい。

(1)　$(x-3)^2=5$　　　　　　　　　　　　　　　　　　　　　　　　　　　（埼玉県）

(2)　$x^2-x-20=0$　　　　　　　　　　　　　　　　　　　　　　　　　（福島県）

(3)　$x^2+4x=12$　　　　　　　　　　　　　　　　　　　　　　　　　（宮城県）

(4)　$x^2+4x=0$　　　　　　　　　　　　　　　　　　　　　　　　　（東京都）

(5)　$(x+4)^2=6$　　　　　　　　　　　　　　　　　　　　　　　　（神奈川県）

(6)　$(x-5)^2=4$　　　　　　　　　　　　　　　　　　　　　　　　（岐阜県）

(7)　$3x^2-6x-9=0$　　　　　　　　　　　　　　　　　　　　　　（京都府）

(8)　$(x+3)^2=8x+17$　　　　　　　　　　　　　　　　　　　　　（岡山県）

(9)　$4x^2-x-2=0$　　　　　　　　　　　　　　　　　　　　　　（神奈川県）

[2]　二次方程式$x^2+ax-8=0$について，次の(1)，(2)の問いに答えなさい。　　（岐阜県）

(1)　$a=-1$のとき，二次方程式を解きなさい。

(2)　$x=1$が二次方程式の1つの解であるとき，

　（ア）　aの値を求めなさい。

　（イ）　他の解を求めなさい。

二次方程式 解答解説

解 答

[1] (1) $x=3\pm\sqrt{5}$ (2) $x=5,\ -4$ (3) $x=-6,\ 2$ (4) $x=-4,\ 0$

(5) $x=-4\pm\sqrt{6}$ (6) $x=3,\ 7$ (7) $x=-1,\ 3$ (8) $x=-2,\ 4$ (9) $x=\dfrac{1\pm\sqrt{33}}{8}$

[2] (1) $x=\dfrac{1\pm\sqrt{33}}{2}$ (2) (ア) $a=7$ (イ) $x=-8$

解 説

[1] (1) $x-3$は2乗して5になるのだから5の平方根である。よって，$x-3=\pm\sqrt{5}$

したがって，$\underline{x=3\pm\sqrt{5}}$

(2) 左辺を因数分解すると，$(x-5)(x+4)=0$　$x-5=0$から，$\underline{x=5}$，$x+4=0$から，$\underline{x=-4}$

(3) 12を移項して右辺を0にする。$x^2+4x-12=0$　$(x+6)(x-2)=0$　$\underline{x=-6,\ 2}$

(4) 左辺をxでくくって，$x(x+4)=0$　xと$(x+4)$の積が0なので，$\underline{x=-4,\ 0}$

(5) $x+4$は6の平方根だから，$x+4=\pm\sqrt{6}$　$\underline{x=-4\pm\sqrt{6}}$

(6) $(x-5)^2=4$　$x-5=\pm\sqrt{4}=\pm2$　$x=5\pm2=\underline{3},\ \underline{7}$

(7) まず両辺を3でわる。$x^2-2x-3=0$　$(x+1)(x-3)=0$　$\underline{x=-1,\ 3}$

(8) 左辺を展開すると，$x^2+6x+9=8x+17$　$x^2-2x-8=0$　$(x+2)(x-4)=0$　$\underline{x=-2,\ 4}$

(9) 解の公式より，$x=\dfrac{-(-1)\pm\sqrt{(-1)^2-4\times4\times(-2)}}{2\times4}=\underline{\dfrac{1\pm\sqrt{33}}{8}}$

[2] (1) $a=-1$のとき，$x^2-x-8=0\cdots$①　二次方程式$ax^2+bx+c=0$の解は，$x=\dfrac{-b\pm\sqrt{b^2-4ac}}{2a}$

で求められる。二次方程式①は，$a=1$，$b=-1$，$c=-8$の場合だから，

$$x=\dfrac{-(-1)\pm\sqrt{(-1)^2-4\times1\times(-8)}}{2\times1}=\dfrac{1\pm\sqrt{1+32}}{2}=\underline{\dfrac{1\pm\sqrt{33}}{2}}$$

(2) (ア) xについての二次方程式$x^2+ax-8=0\cdots$②の解の1つが1だから，②に$x=1$を代入し

て，$1^2+a\times1-8=0$　$1+a-8=0$　$\underline{a=7}$

(イ) ②に$a=7$を代入して，$x^2+7x-8=0$　$(x-1)(x+8)=0$　$x=1,\ -8$

よって，他の解は，$\underline{x=-8}$

6 関数基礎

まずは ▶▶▶ タコの巻 リカバリーコース **8** で解き方を確認！

〔1〕　次の各問いに答えなさい。

(1)　yはxに反比例し，$x=-3$のとき$y=6$である。このとき，yをxの式で表しなさい。（和歌山県）

(2)　yはxに反比例し，グラフは点$(-2, 8)$を通る。yをxの式で表しなさい。　　　　（三重県）

(3)　一次関数$y=-3x+5$について述べた文として正しいものを，次のア～エからひとつ選び，
記号で答えなさい。　　　　　　　　　　　　　　　　　　　　　　　　　　　　（鳥取県）

　　ア　グラフは点$(-3, 5)$を通る直線である。

　　イ　xの値が2倍になるとき，yの値も2倍になる。

　　ウ　xの変域が$1 \leqq x \leqq 2$のとき，yの変域は$-1 \leqq y \leqq 2$である。

　　エ　xの値が1から3まで変わるとき，yの増加量は-3である。

(4)　次の方程式について，そのグラフが点$(1, -2)$を通るものは，ア～エのうちではどれです
か。当てはまるものをすべて答えなさい。　　　　　　　　　　　　　　　　　　（岡山県）

　　ア　$3x-y-1=0$　　　イ　$3x+2y+1=0$　　　ウ　$3y+6=0$　　　エ　$x+1=0$

(5)　関数$y=-\dfrac{1}{3}x$のグラフを図にかき入れなさい。　　　（岩手県）

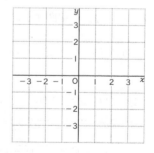

(6)　右の図のような，点$(-5, 2)$を通る反比例のグラフがあります。
このグラフ上の，x座標が3である点のy座標を求めなさい。

　　　　　　　　　　　　　　　　　　　　　　　　　（宮城県）

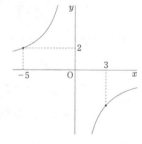

[2] 次の各問いに答えなさい。

(1) yはxの2乗に比例し，$x＝3$のとき$y＝27$である。$x＝-2$のときのyの値を求めなさい。（福岡県）

(2) 右図において，mは関数$y＝ax^2$（aは定数）のグラフを表す。Aはm上の点であり，その座標は$(-6，7)$である。aの値を求めなさい。 （大阪府）

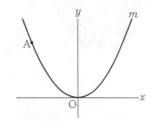

(3) 関数$y＝x^2$について，xの変域が$-2≦x≦3$のときのyの変域を求めなさい。 （奈良県）

(4) 関数$y＝ax^2$について，xの変域が$-2≦x≦3$のとき，yの変域は$-6≦y≦0$である。このとき，aの値を求めなさい。 （青森県）

(5) 右の図において，放物線①は原点を頂点とし，点A$(-2，1)$を通るグラフである。また，点Bは放物線①上の，x座標が4となる点であり，直線②は2点A，Bを通るグラフである。このとき，放物線①，直線②の式を求めなさい。 （愛媛県）

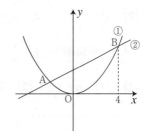

[3] 右の図のように，関数$y＝ax^2$のグラフ上に2点A，Bがある。点Aのx座標を-2，点Bのx座標を4とする。このとき，次の各問いに答えなさい。ただし，$a>0$とする。 （沖縄県）

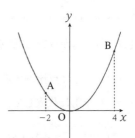

(1) 点Bのy座標が16のとき，aの値を求めなさい。

(2) $a＝\dfrac{1}{2}$のとき，xの変域が$-2≦x≦4$のときのyの変域を求めなさい。

(3) xの値が-2から4まで増加するときの変化の割合をaの式で表しなさい。

(4) △OABの面積が84cm²となるとき，aの値を求めなさい。ただし，原点Oから点$(0，1)$，点$(1，0)$までの長さを，それぞれ1cmとする。

6

関数基礎 解答解説

解 答

[1] (1) $y=-\dfrac{18}{x}$ (2) $y=-\dfrac{16}{x}$ (3) ウ

(4) イ，ウ (5) 右図 (6) $-\dfrac{10}{3}$

[2] (1) 12 (2) $a=\dfrac{7}{36}$ (3) $0\leqq y\leqq 9$ (4) $a=-\dfrac{2}{3}$

(5) 放物線① $y=\dfrac{1}{4}x^2$ 直線② $y=\dfrac{1}{2}x+2$

[3] (1) $a=1$ (2) $0\leqq y\leqq 8$ (3) $2a$ (4) $a=\dfrac{7}{2}$

解 説

[1] (1) yがxに反比例するときxyの値は一定である。$xy=-3\times 6=-18$ よって，$\underline{y=-\dfrac{18}{x}}$

(2) yはxに反比例するから，xとyの関係は$y=\dfrac{a}{x}$…①と表せる。$x=-2$のとき$y=8$だから，これを①に代入して，$8=\dfrac{a}{-2}$ $a=8\times(-2)=-16$ xとyの関係は$\underline{y=-\dfrac{16}{x}}$と表せる。

(3) ア $y=-3x+5$に$x=-3$を代入すると，$y=14$となり，点$(-3,\ 5)$は通らない。イ $y=-3x+5$は，$x=1$のとき$y=2$，$x=2$のとき$y=-1$となるので，xの値が2倍になったとしてもyの値は必ずしも2倍にならない。 <u>ウ</u> 正しい。 エ $y=-3x+5$は$x=1$のとき$y=2$，$x=3$のとき$y=-4$となり，yの増加量は$-4-2=-6$である。

(4) 方程式に点$(1,\ -2)$の座標の値を代入したとき，左辺の値が右辺の値の0に等しくなれば，その方程式のグラフは点$(1,\ -2)$を通る。方程式アの左辺$=3x-y-1=3\times 1-(-2)-1=4$ 方程式イの左辺$=3x+2y+1=3\times 1+2\times(-2)+1=0$ 方程式ウの左辺$=3y+6=3\times(-2)+6=0$ 方程式エの左辺$=x+1=1+1=2$ 以上より，グラフが点$(1,\ -2)$を通る方程式は<u>イとウ</u>

(5) xとyの関係が定数aを用いて$y=ax$と表されるとき，yはxに比例し，そのグラフは原点を通る直線を表す。また，$y=-\dfrac{1}{3}x$に$x=3$を代入すると，$y=-\dfrac{1}{3}\times 3=-1$だから，関数$y=-\dfrac{1}{3}x$のグラフは原点と点$(3,\ -1)$を通る直線である。

(6)　反比例の式を$y=\dfrac{a}{x}$とおく。グラフが点$(-5,\ 2)$を通るから，$x=-5$，$y=2$を代入して，

$2=\dfrac{a}{-5}$　$a=-10$　$y=-\dfrac{10}{x}$に$x=3$を代入して，$\underline{y=-\dfrac{10}{3}}$

[2]　(1)　yがxの2乗に比例する関数は$y=ax^2$と表すことができる。$x=3$のとき$y=27$なので，

$27=a\times3^2$　$9a=27$　$a=3$　よって，この関数の式は$y=3x^2$

$x=-2$を代入すると，$y=3\times(-2)^2=3\times4=\underline{12}$

(2)　$y=ax^2$は点$A(-6,\ 7)$を通るから，$7=a\times(-6)^2=36a$　$\underline{a=\dfrac{7}{36}}$

(3)　$x=-2$，0，3のときのyの値はそれぞれ，$y=(-2)^2=4$，$y=0^2=0$，$y=3^2=9$

よって，$\underline{0\leqq y\leqq9}$

(4)　関数$y=ax^2$がxの変域に0を含むときのyの変域は，$a>0$なら，$x=0$で最小値$y=0$，xの変域
の両端の値のうち絶対値の大きい方のxの値でyの値は最大になる。また，$a<0$なら，$x=0$
で最大値$y=0$，xの変域の両端の値のうち絶対値の大きい方のxの値でyの値は最小になる。
本問はxの変域に0を含みyの最大値が0だから，$a<0$の場合であり，xの変域の両端の値のう
ち絶対値の大きい方の$x=3$で最小値$y=-6$になる。　よって，$-6=a\times3^2$　$\underline{a=-\dfrac{2}{3}}$

(5)　放物線①の式を$y=ax^2$と表すと，$A(-2,\ 1)$を通るので，$x=-2$，$y=1$を代入して式が成
り立つから，$1=a\times(-2)^2$　$4a=1$　$a=\dfrac{1}{4}$　よって，$\underline{y=\dfrac{1}{4}x^2}$　点Bのy座標は，$x=4$を

$y=\dfrac{1}{4}x^2$に代入して，$y=\dfrac{1}{4}\times4^2=4$　よって，直線②は2点$A(-2,\ 1)$，$B(4,\ 4)$を通るので，

その傾きは，$\dfrac{(y\text{の増加量})}{(x\text{の増加量})}=\dfrac{4-1}{4-(-2)}=\dfrac{1}{2}$　$y=\dfrac{1}{2}x+b$とおいて$x=-2$，$y=1$を代入する

と，$1=-1+b$　$b=2$　よって，$\underline{y=\dfrac{1}{2}x+2}$

[3]　(1)　$B(4,\ 16)$より，$y=ax^2$に$x=4$，$y=16$を代入して，$16=a\times4^2$　$16a=16$　$\underline{a=1}$

(2)　$x=0$のとき$y=0$　$x=4$のとき，$y=\dfrac{1}{2}\times4^2=8$　よって，yの変域は，$\underline{0\leqq y\leqq8}$

(3)　xの増加量は，$4-(-2)=6$　yの増加量は，$a\times4^2-a\times(-2)^2=12a$

よって，$(\text{変化の割合})=\dfrac{(y\text{の増加量})}{(x\text{の増加量})}=\dfrac{12a}{6}=\underline{2a}$

(4)　直線ABの式は，傾きが$2a$で，点$A(-2,\ 4a)$を通るから，$y=2ax+b$とおいて，$x=-2$，
$y=4a$を代入すると，$4a=2a\times(-2)+b$　$b=8a$　$y=2ax+8a$　よって，直線ABとy軸との
交点をCとすると，$C(0,\ 8a)$　$\triangle OAB=\triangle OAC+\triangle OBC=\dfrac{1}{2}\times8a\times2+\dfrac{1}{2}\times8a\times4=24a$
(cm^2)　$\triangle OAB=84\text{cm}^2$のとき，$24a=84$　$\underline{a=\dfrac{7}{2}}$

1章　30点確保コース

図形基礎 合同

まずは ▶▶▶ タコの巻 リカバリーコース **9** で解き方を確認！

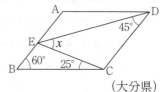

〔1〕 次の各々の図において，∠xの値を求めなさい。

(1)

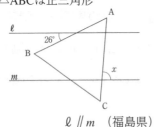

$\ell / / m$

（福島県）

(2)

$\ell / / m$

（和歌山県）

(3) 四角形ABCDは平行四辺形

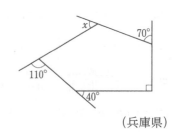

（大分県）

(4) △ABCは正三角形

$\ell / / m$ （福島県）

(5)

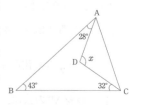

（兵庫県）

〔2〕 次の各問いに答えなさい。

(1) 右の図のような，∠ABC＝43°の△ABCがあります。△ABCの内部に点Dをとり，点Dと点A，点Dと点Cをそれぞれ結び，∠ADC＝∠xとします。∠BAD＝28°，∠BCD＝32°のとき，∠xの大きさを求めなさい。

（宮城県）

(2) 右の図のように，四角形ABCDがあり，AB＝BC，CD＝DAです。∠BAD＝110°，∠CBD＝40°のとき，∠ADCの大きさは何度ですか。

（広島県）

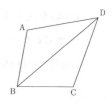

〔3〕 正十角形について，

(1) 内角の和を求めなさい。

(2) 1つの内角の大きさを求めなさい。

(3) 1つの外角の大きさを求めなさい。

(4) 外角の和を求めなさい。 （編集部）

図形基礎 合同 解答解説

解　答

[1]　(1)　$57°$　　(2)　$110°$　　(3)　$40°$　　(4)　$86°$　　(5)　$50°$

[2]　(1)　$103°$　　(2)　$60°$　　　〔3〕　(1)　$1440°$　　(2)　$144°$　　(3)　$36°$　　(4)　$360°$

解　説

[1]　(1)　図(1)のように，DAの延長線と直線mの交点をCとすると，平行線の錯角なので，$\angle ACB = 41°$
$\angle BAD$は△ABCの外角だから，$\angle x + 41° = 98°$　$\angle x = \underline{57}$

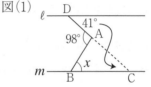

図(1)

(2)　図(2)のように，$\angle ACD$が△ABCの外角であることを使うとよい。$\angle BAC = 50°$なので，$\angle x = 50° + 60° = \underline{110°}$

(3)　平行四辺形の対角は等しいので，隣り合う角の和は$180°$になる。よって，$\angle BCD = 120°$　$\angle ECD = 120° - 25° = 95°$
三角形の内角の和は$180°$だから，$\angle x = 180° - 45° - 95° = \underline{40°}$

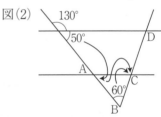

図(2)

(4)　対頂角は等しいから，$\angle ADE = 26°$　正三角形の内角だから，$\angle DAE = 60°$　△ADEの内角と外角の関係から，$\angle AEF = \angle ADE + \angle DAE = 26° + 60° = 86°$　$\ell \parallel m$より，平行線の同位角は等しいから，$\angle x = \angle AEF = \underline{86°}$

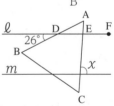

(5)　多角形の外角の和は$360°$なので，$\angle x + 110° + 40° + 90° + 70° = 360°$　$\angle x = \underline{50°}$

[2]　(1)　直線ADと辺BCとの交点をEとする。△ABEで，内角と外角の関係から，$\angle AEC = 28° + 43° = 71°$　△CDEで，内角と外角の関係から，$\angle x = \angle ADC = 32° + 71° = \underline{103°}$

(2)　△ABDと△CBDにおいて，仮定より，AB=CB…①　AD=CD…②　共通な辺より，BD=BD…③　①，②，③より，3組の辺がそれぞれ等しいから，△ABD≡△CBD　これと，三角形の内角の和は$180°$であることから，$\angle ADC = 2\angle ADB = 2(180° - \angle BAD - \angle ABD) = 2(180° - \angle BAD - \angle CBD) = 2(180° - 110° - 40°) = \underline{60°}$

〔3〕　(1)　1つの頂点から対角線を引くことで8個の三角形ができるから，$180° × 8 = \underline{1440°}$

(2)　$1440° ÷ 10 = \underline{144°}$　　　　　(3)　$180° - 144° = \underline{36°}$　　　　　(4)　$36° × 10 = \underline{360°}$
＊多角形の外角の和はいつでも360度である。

図形基礎 計量

まずは ▶▶▶ タコの巻 リカバリーコース ⑩ で解き方を確認！

次の各問いに答えなさい。ただし，円周率は π とする。

(1)　半径が5cm，中心角が72°のおうぎ形の面積を求めなさい。　　（福島県）

(2)　右の図は，半径が9cm，中心角が60°のおうぎ形である。このおうぎ形の
弧の長さを求めなさい。　　（栃木県）

(3)　次のア～オの投影図は，三角柱，三角すい，四角すい，円すい，球のいずれかを表してい
る。ア～オのうち，三角すいを表している投影図を1つ選び，記号で答えなさい。　　（群馬県）

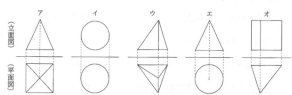

(4)　右の図のように，AB//DCの台形ABCDを底面とする四角柱があります。
この四角柱の辺のうち，辺ABとねじれの位置にある辺をすべて書きなさ
い。　　（北海道）

(5)　右の図のように，AB＝AD＝$3\sqrt{2}$cm，AE＝8cmの正四角柱ABCD－EFGH
がある。右の図において，面ABCDと垂直な辺をすべて書きなさい。

（石川県）

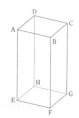

(6)　右の図は，1辺が6cmの立方体を，頂点C，Dおよび辺ABの中点Mを通る
平面で切り取ってできた三角錐である。　　（長野県）

①　この三角錐について，辺ADとねじれの位置にある辺を書きなさい。

②　この三角錐の体積を求めなさい。

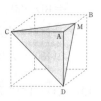

図形基礎 計量 解答解説

解 答

(1)　$5\pi\,\mathrm{cm}^2$　　(2)　$3\pi\,\mathrm{cm}$　　(3)　ウ　　(4)　辺DH, CG, EH, FG

(5)　辺AE, BF, CG, DH　　(6)　① 辺CM　② $18\mathrm{cm}^3$

解 説

(1)　半径がr，中心角が$a°$のおうぎ形の面積は$\pi r^2\times\dfrac{a}{360}$だから，半径が5cm，中心角が72°のお
うぎ形の面積は　$\pi\times5^2\times\dfrac{72}{360}=\underline{5\pi\,(\mathrm{cm}^2)}$

(2)　半径がr，中心角が$a°$のおうぎ形の弧の長さは$2\pi r\times\dfrac{a}{360}$だから，半径が9cm，中心角が60°
のおうぎ形の弧の長さは　$2\pi\times9\times\dfrac{60}{360}=\underline{3\pi\,(\mathrm{cm})}$

(3)　アは真正面から見た図が三角形で，真上から見た図が四角形だから，この立体は四角錐で
ある。イは真正面から見た図も，真上から見た図も円だから，この立体は球である。ウは真正
面から見た図が三角形を組み合わせた形で，真上から見た図が三角形だから，この立体は三角
錐である。エは真正面から見た図が三角形で，真上から見た図が円だから，この立体は円錐で
ある。オは真正面から見た図が長方形を組み合わせた形で，真上から見た図が三角形だから，
この立体は三角柱である。

(4)　辺ABと平行な辺は，DC, HG, EF　辺ABと交わる辺は，AD, AE, BC, BF　それ以外の
辺が辺ABとねじれの位置にあるので，辺DH, CG, EH, FG

(5)　空間内の直線と平面の位置関係には，「直線は平面上にある」，「交わる」，「平行である」の
3つの場合がある。問題の正四角柱ABCD－EFGHに関して，辺AB, BC, CD, DAは面ABCD
上にあり，辺AE, BF, CG, DHは面ABCDと垂直に交わり，辺EF, FG, GH, HEは面ABCD
と平行である。

(6)　①　辺ADと平行ではなく，かつ，交わらないものを探せばよいので，辺CM

②　線分AMは面ACDに垂直なので，$\dfrac{1}{3}\times\triangle\mathrm{ACD}\times\mathrm{AM}$により求めることができる。したがっ
て，$\dfrac{1}{3}\times\left(\dfrac{1}{2}\times6\times6\right)\times3=\underline{18\,(\mathrm{cm}^3)}$

9 円の性質

まずは ▶▶▶ タコの巻 リカバリーコース ⑪ で解き方を確認！

(1) 右図において，点A，B，C，Dは円周上の点である。∠BADの大きさを求めなさい。　（栃木県）

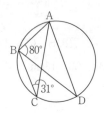

(2) 右図は，点Oを中心とする円であり，4点A，B，C，Dは円周上の点で，線分BDは円の直径である。∠BAC＝50°のとき，∠xの大きさを求めなさい。（秋田県）

(3) 右図のような円Oにおいて，∠xの大きさを求めよ。　（長崎県）

(4) 右図において，4点A，B，C，Dが円周上にあるとき，∠xの大きさを求めよ。　（沖縄県）

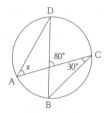

(5) 右図は，円Oの円周上の3点A，B，Cについて，点AとB，点AとC，点OとB，点OとCを結んだものであり，∠BOC＝120°とする。∠xの大きさを求めなさい。　（長野県）

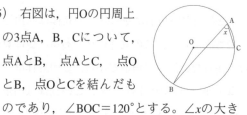

(6) 右の図で，点A，B，Cは円Oの周上の点である。∠xの大きさを求めなさい。　（青森県）

(7) 右の図において，∠xの大きさを求めなさい。ただし，点Oは円の中心であり，3点A，B，Cは円Oの周上の点である。　（鳥取県）

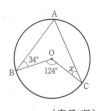

(8) 右の図で，3点A，B，Cは，円Oの周上の点で，∠OBA＝30°，∠BOC＝128°である。このとき，∠xの大きさを求めなさい。　（岩手県）

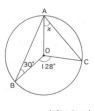

(9) 右の図において，点A，B，Cは円Oの周上にある。∠xの大きさを求めなさい。　（栃木県）

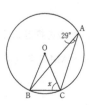

(10) 右の図のように，点Oを中心とする円があり，この円周上に5点A，B，C，D，Eがあるとき，∠BODの大きさを求めなさい。　（佐賀県）

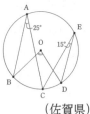

円の性質 解答解説

解答

(1)　69°　(2)　40°　(3)　108°　(4)　50°　(5)　60°　(6)　28°　(7)　28°

(8)　34°　(9)　61°　(10)　80°

解説

(1)　$\overset{\frown}{AB}$に対する円周角なので，∠D＝∠C＝31°　△ABDの内角の和は180°だから，

　　∠BAD＝180°－31°－80°＝$\underline{69°}$

(2)　半円の弧に対する円周角なので，∠BCD＝90°　$\overset{\frown}{BC}$に対する円周角だから，

　　∠D＝∠A＝50°　よって，∠x＝180°－90°－50°＝$\underline{40°}$

(3)　図の三角形は半径を2辺とする三角形だから，二等辺三角形である。

　　よって，∠x＝180°－36°×2＝$\underline{108°}$

(4)　線分ACと線分BDとの交点をEとする。△BCEで，内角と外角の関係より，

　　∠CBE＝80°－30°＝50°　$\overset{\frown}{CD}$に対する円周角は等しいから，∠x＝∠CAD＝∠CBD＝$\underline{50°}$

(5)　1つの弧に対する円周角の大きさは，その弧に対する中心角の大きさの半分なので，$\overset{\frown}{BC}$に

　　おいて，∠BAC＝$\frac{1}{2}$∠BOC＝$\frac{1}{2}$×120°＝$\underline{60°}$

(6)　$\overset{\frown}{BC}$に対する中心角と円周角の関係から，∠BAC＝$\frac{1}{2}$∠BOC＝$\frac{1}{2}$×96°＝48°　△OABはOA＝

　　OBの二等辺三角形だから，∠BAO＝∠ABO＝20°　よって，∠x＝∠BAC－∠BAO＝48°－20°＝$\underline{28°}$

(7)　同じ弧の円周角は中心角の半分の大きさなので，∠BAC＝$\frac{1}{2}$∠BOC＝$\frac{1}{2}$×124°＝62°

　　したがって，∠x＋62°＋34°＝124°より，∠x＝$\underline{28°}$

(8)　$\overset{\frown}{BC}$に対する中心角と円周角の関係から，∠BAC＝$\frac{1}{2}$∠BOC＝$\frac{1}{2}$×128°＝64°　△OABは

　　OA＝OBの二等辺三角形だから，∠OAB＝∠OBA＝30°　以上より，∠x＝∠BAC－∠OAB＝

　　64°－30°＝$\underline{34°}$

(9)　$\overset{\frown}{BC}$に対する中心角と円周角の関係から，∠BOC＝2∠BAC＝2×29°＝58°　△OBCはOB＝

　　OCの二等辺三角形だから，∠x＝(180°－∠BOC)÷2＝(180°－58°)÷2＝$\underline{61°}$

(10)　線分OCを引く。$\overset{\frown}{BC}$に対する中心角と円周角の関係から，∠BOC＝2∠BAC＝2×25°＝

　　50°　$\overset{\frown}{CD}$に対する中心角と円周角の関係から，∠COD＝2∠CED＝2×15°＝30°　　よっ

　　て，∠BOD＝∠BOC＋∠COD＝50°＋30°＝$\underline{80°}$

10 作図

まずは ▶▶▶ タコの巻 リカバリーコース ⑫ で解き方を確認!

次の各問いに答えなさい。ただし，定規とコンパスだけを使うこと。作図に用いた線は残しておくこと。

(1) 右の図のように，直線ℓ上に点Aがある。点Aを通り，直線ℓに垂直な直線を作図しなさい。　　　（富山県）

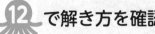

(2) 右の図のように，線分AB，BCがある。∠ABCの二等分線上の点で，2点A，Bから等しい距離にある点を作図しなさい。　　　（鹿児島県）

(3) 右の図は，OAを半径とする中心角180°のおうぎ形です。$\overset{\frown}{AB}$上に点Cをとるとき，AO：AC＝1：$\sqrt{2}$となる点Cを作図しなさい。　　　（埼玉県）

(4) 右の図において，円Oの周上の点Aを通る接線を作図しなさい。　　　（青森県）

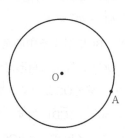

作図 解答解説

解 答

すべて，解説を参照してください。

解 説

(1) 点Aを通り，直線ℓに垂直な直線は，180°の角の二等分線と考えることができる。(作図手順)次の①，②の手順で作図する。

① 点Aを中心とした円をかき，直線ℓ上に交点をつくる。

② ①でつくったそれぞれの交点を中心として，交わるように半径の等しい円をかき，その交点と点Aを通る直線を引く。

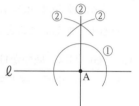

(2) 2点A，Bから等しい距離にある点は，線分ABの垂直二等分線上にあるから，∠ABCの二等分線と線分ABの垂直二等分線の交点(図の点P)が求める点である。

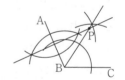

(3) (作図手順)次の①，②の手順で作図する。

① 点A，Bをそれぞれ中心として，交わるように半径の等しい円をかき，その交点と点Oを通る直線(点Oを通る線分ABの垂線)を引く。

② 点Oを通る線分ABの垂線と$\overset{\frown}{AB}$との交点をCとする。

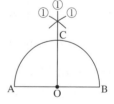

(4) (作図手順)次の①～③の手順で作図する。

① 半直線OAを引く。

② 点Aを中心とした円をかき，半直線OA上に交点をつくる。

③ ②でつくったそれぞれの交点を中心として，交わるように半径の等しい円をかき，その交点と点Aを通る直線(円Oの周上の点Aを通る接線)を引く。

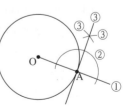

1章　30点確保コース

三平方の定理

まずは ▶▶▶ タコの巻 リカバリーコース 13 で解き方を確認！

次の各問いに答えなさい。

(1)　右の図は，辺ABが2cm，辺ACが5cm，∠Aが90°の直角三角形である。この直角三角形の辺BCの長さを求めなさい。　　　　　　（山梨県）

(2)　1辺の長さが6cmの正三角形ABCがある。右の図は，正三角形ABCを，頂点Aが頂点Cに重なるように折り曲げたとき，折り目の線分をBDとしたものである。このとき，BDの長さを求めなさい。　　　　　　（長野県）

(3)　右の図は，底面が1辺4cmの正方形で，側面の二等辺三角形の高さが5cmである正四角錐の見取図である。正四角錐の高さを求めなさい。

　　　　　　（島根県）

(4)　右の図において，立体ABCD－EFGHは1辺の長さが2cmの立方体である。これについて，次の各問いに答えなさい。　　　　　　（大阪府）

①　次のア～カのうち，辺AEと垂直な面はどれですか。すべて選び，記号で答えなさい。

ア　面ABCD	イ　面AEFB	ウ　面AEHD
エ　面BFGC	オ　面DHGC	カ　面EFGH

②　立方体ABCD－EFGHの対角線AGの長さを求めなさい。

(5)　右の図のような四角すいがあり，底面は長方形で，4辺AB，AC，AD，AEの長さはすべて等しい。点Cと点Eを結ぶ。BC＝8cm，CD＝4cm，△ACEの面積が30cm²であるとき，次のア，イの問いに答えよ。（香川県）

ア　次の㋐～㋓の辺のうち，面ABCと平行な辺はどれか。正しいものを1つ選んで，その記号を書け。

　　㋐　辺BE　　㋑　辺DE　　㋒　辺AD　　㋓　辺AE

イ　この四角すいの体積は何cm³か。

(6)　右の図は，正四角すいの投影図である。立面図が正三角形，平面図が1辺の長さが6cmの正方形であるとき，この正四角すいの体積を求めなさい。　　　　　　（岐阜県）

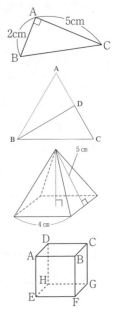

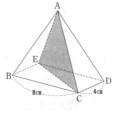

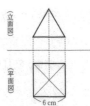

三平方の定理 解答解説

解 答

(1)　$\sqrt{29}$cm　　(2)　$3\sqrt{3}$cm　　(3)　$\sqrt{21}$cm　　(4)　①　ア，カ　　②　$2\sqrt{3}$cm

(5)　ア　①　　イ　$32\sqrt{5}$cm^3　　(6)　$36\sqrt{3}$cm^3

解 説

(1)　$BC^2=AB^2+AC^2=2^2+5^2=29$　　$BC=\underline{\sqrt{29}\text{cm}}$

(2)　$AD=CD=3$cm，$\angle ADB=\angle CDB=90°$となるので，△ABDで三平方の定理より，

　　$BD^2=AB^2-AD^2=6^2-3^2=27$　　よって，$BD=\underline{3\sqrt{3}\ (\text{cm})}$

(3)　△OMHで，三平方の定理より，$OH^2=OM^2-MH^2=5^2-2^2=21$

　　$OH>0$より，$OH=\underline{\sqrt{21}\text{cm}}$（右の図参照）

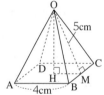

(4)　①　AEと垂直な面は，$AE\perp AB$，$AE\perp AD$から，面ABCD　$AE\perp EF$，

　　$AE\perp EH$から，面EFGH　よって，$\underline{\text{ア}}$と$\underline{\text{カ}}$

　　②　△AEGを考えると，$AE\perp$面EFGHなので，$\angle AEG=90°$　よって，$AG^2=AE^2+EG^2$　△EFG

　　は直角三角形だから，$EG^2=EF^2+FG^2$　よって，$AG^2=AE^2+EF^2+FG^2=2^2+2^2+2^2=12$

　　$AG=\sqrt{12}=\underline{2\sqrt{3}\text{cm}}$

(5)　ア　空間内で，面ABCと平行であるのは①の辺DEである。

　　イ　三平方の定理から，長方形の対角線ECの長さは，$EC=\sqrt{8^2+4^2}=4\sqrt{5}$cm　△AECにおい

　　て，点Aから辺ECに垂線AHをひくと，△ACEの面積が30cm^{2}なので，

　　$\dfrac{1}{2}\times EC\times AH=30$　これより，$\dfrac{1}{2}\times 4\sqrt{5}\times AH=30$　$AH=\dfrac{15}{\sqrt{5}}=3\sqrt{5}$cm

　　したがって，四角すいの体積は，

　　$\dfrac{1}{3}\times(\text{四角形BCDE})\times AH=\dfrac{1}{3}\times(4\times 8)\times 3\sqrt{5}=\underline{32\sqrt{5}\text{cm}^3}$

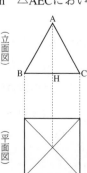

(6)　右図で，△ABCは正三角形だから，△ABHは30°，60°，90°の直角三角

　　形で，3辺の比は$2:1:\sqrt{3}$　これより，$AH=AB\times\dfrac{\sqrt{3}}{2}=6\times\dfrac{\sqrt{3}}{2}=3\sqrt{3}$cm

　　求める正四角すいの体積は$\dfrac{1}{3}\times 6\times 6\times 3\sqrt{3}=\underline{36\sqrt{3}\text{cm}^3}$

1章　30点確保コース

確率

まずは ▶▶▶ タコの巻 リカバリーコース **14** で解き方を確認！

次の各問いに答えなさい。

(1)　3枚の硬貨A，B，Cを同時に投げるとき，少なくとも1枚は表が出る確率を求めなさい。ただし，どの硬貨も表，裏の出方は，同様に確からしいものとする。　　　　　　　　　　（富山県）

(2)　ことがらAの起こる確率が $\frac{3}{8}$ のとき，Aの起こらない確率を求めなさい。　　　　（長野県）

(3)　箱の中に，赤玉，白玉，青玉が1個ずつ，合計3個の玉が入っている。箱の中をよく混ぜてから玉を1個取り出し，その色を確認した後，箱の中に戻す。これをもう1回繰り返して，玉を合計2回取り出すとき，2回のうち1回だけ赤玉が出る確率を求めなさい。　　　　（群馬県）

(4)　箱の中に，数字を書いた6枚のカード①，②，③，③，④，④が入っている。これらをよくかき混ぜてから，2枚のカードを同時に取り出すとき，少なくとも1枚のカードに奇数が書かれている確率を求めなさい。　　　　　　　　　　（新潟県）

(5)　大小2つのさいころを同時に投げるとき，次の各問いに答えなさい。　　　　（沖縄県）
　①　目の出方は全部で何通りありますか。
　②　目の数の積が4の倍数となる確率を求めなさい。
　③　大きいさいころの目の数が小さいさいころの目の数で割り切れるときの確率を求めなさい。

1章　30点確保コース
確率 解答解説

解答

(1) $\dfrac{7}{8}$　(2) $\dfrac{5}{8}$　(3) $\dfrac{4}{9}$　(4) $\dfrac{4}{5}$　(5) ① 36通り　② $\dfrac{5}{12}$　③ $\dfrac{7}{18}$

解説

(1) 「少なくとも1枚は表が出る」とは，表が1枚か2枚か3枚出る場合のことであり，「3枚とも裏にならない」場合と同じことだから，(少なくとも1枚は表が出る確率)＋(3枚とも裏になる確率)＝1より，(少なくとも1枚は表が出る確率)＝1－(3枚とも裏になる確率)の関係が成り立つ。3枚の硬貨A，B，Cを同時に投げるとき，表と裏の出方は全部で，$2 \times 2 \times 2 = 8$(通り)　このうち，3枚とも裏になるのは(A，B，C)＝(裏，裏，裏)の1通りだから，求める確率は$1 - \dfrac{1}{8} = \dfrac{7}{8}$

(2) Aの起こる確率が$\dfrac{3}{8}$ならば，Aの起こらない確率は$1 - \dfrac{3}{8} = \dfrac{5}{8}$である。

(3) すべての玉の取り出し方は，(1回目に取り出した玉，2回目に取り出した玉)＝(赤，赤)，(赤，白)，(赤，青)，(白，赤)，(白，白)，(白，青)，(青，赤)，(青，白)，(青，青)の9通り。このうち，2回のうち1回だけ赤玉が出るのは■をつけた4通りだから，求める確率は$\dfrac{4}{9}$

(4) 2枚の3を③，③，2枚の4を④，④と区別し，樹形図で表すと，右の図のようになる。取り出し方は15通りあり，このうち，少なくとも1枚のカードに奇数が書かれている場合は12通り。よって，求める確率は，$\dfrac{12}{15} = \dfrac{4}{5}$

(5) ① 目の出方は全部で$6 \times 6 = 36$(通り)

② 目の数の積が4の倍数となるのは右の図の○印の15通りあるので，その確率は，$\dfrac{15}{36} = \dfrac{5}{12}$

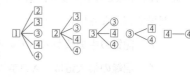

③ 大きいさいころの目の数が小さいさいころの目の数でわり切れるのは右の図の△印の14通りあるので，その確率は，$\dfrac{14}{36} = \dfrac{7}{18}$

1章　30点確保コース
データの活用・標本調査

まずは ▶▶▶ タコの巻 リカバリーコース 15 で解き方を確認！

(1) ある養殖池にいる魚の総数を，次の方法で調査しました。このとき，この養殖池にいる魚の総数を推定し，小数第1位を四捨五入して求めなさい。　　　　　　　　　　（埼玉県）

> 【1】 網で捕獲すると魚が22匹とれ，その全部に印をつけてから養殖池にもどした。
> 【2】 数日後に網で捕獲すると魚が23匹とれ，その中に印のついた魚が3匹いた。

(2) A中学校の3年生男子100人とB中学校の3年生男子50人の，ハンドボール投げの記録をとりました。右の図は，A中学校，B中学校の記録をそれぞれ，階級の幅を5mとして整理した度数分布表を，ヒストグラムに表したものです。

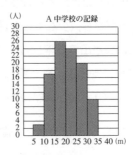
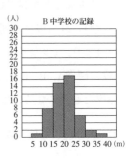

たとえば，5m以上10m未満の階級の度数は，A中学校は3人，B中学校は1人です。あとの①，②の問いに答えなさい。　　　　　　　　　　　　　　　　　　　　　　　（宮城県）

① A中学校のヒストグラムで，中央値は，何m以上何m未満の階級に入っていますか。

② A中学校とB中学校の，ヒストグラムから必ずいえることを，次のア～オからすべて選び，記号で答えなさい。

　　ア　記録の中央値が入っている階級は，A中学校とB中学校で同じである。

　　イ　記録の最大値は，A中学校の方がB中学校よりも大きい。

　　ウ　記録の最頻値は，A中学校の方がB中学校よりも大きい。

　　エ　記録が25m以上30m未満の階級の相対度数は，A中学校の方がB中学校よりも大きい。

　　オ　記録が15m以上20m未満の階級の累積相対度数は，A中学校の方がB中学校よりも大きい。

(3) 下のデータは，ある中学校のバスケットボール部員A～Kの11人が1人10回ずつシュートをしたときの成功した回数を表したものである。このとき，四分位範囲を求めなさい。（青森県）

バスケットボール部員	A	B	C	D	E	F	G	H	I	J	K
成功した回数(回)	6	5	10	2	3	5	9	8	4	7	9

1章　30点確保コース

データの活用・標本調査 解答解説

解 答

(1) およそ169匹　(2) ① 20m以上25m未満の階級　② ア，エ　(3) 5回

解 説

(1) 標本における網で捕獲した魚と，その中の印のついた魚の比率は23：3　よって，母集団における養殖池にいる魚と，その中の印のついた魚の比率も23：3と推測できる。養殖池にいる魚の総数をx匹とすると，$x：22＝23：3$　$x＝\dfrac{22×23}{3}＝168.6\cdots$より，養殖池にいる魚の総数は小数第1位を四捨五入して，およそ169匹と推定できる。

(2) ① 中央値は，短い方から50番目と51番目の値の平均だから，20m以上25m未満の階級に入っている。

　　② ア B中学校の中央値は，短い方から25番目と26番目の値の平均だから，20m以上25m未満の階級に入っている。　イ A中学校の最大値は35m未満，B中学校の最大値は35m以上（40m未満）だから，B中学校の方が大きい。　ウ 最頻値は，A中学校が，$\dfrac{15＋20}{2}＝17.5(m)$，B中学校が，$\dfrac{20＋25}{2}＝22.5(m)$である。　エ A中学校の相対度数は，$\dfrac{20}{100}＝0.2$，B中学校の相対度数は，$\dfrac{6}{50}＝0.12$である。　オ A中学校の累積相対度数は，$\dfrac{3＋17＋26}{100}＝\dfrac{46}{100}＝0.46$　B中学校の累積相対度数は，$\dfrac{1＋8＋15}{50}＝\dfrac{24}{50}＝0.48$である。以上より，必ずいえることは，アとエ

(3) 四分位数とは，全てのデータを小さい順に並べて4つに等しく分けたときの3つの区切りの値を表し，小さい方から第1四分位数，第2四分位数，第3四分位数という。第2四分位数は中央値のことである。また，四分位範囲は第3四分位数から第1四分位数をひいた値で求められる。問題のデータを小さい順に並べかえると，2，3，4，5，5，6，7，8，9，9，10　よって，第1四分位数，第2四分位数（中央値），第3四分位数はそれぞれデータの小さい方から3番目，6番目，9番目の4回，6回，9回であり，四分位範囲は，第3四分位数－第1四分位数＝9－4＝5（回）である。

実力チェックテスト

次の14問を見てください。

ぱっと見ただけで「こんなの簡単！」と思った人は、p82第3章「70点確保コース」に進んでOKです。
そうでない人は、ひとまず解いてみましょう。
苦手な単元を把握したら、各単元の演習ページに進みましょう。

これらの問題が完璧に解ければ、35〜50点は確実です。

① Aさんが、4km離れた駅に向かって自転車で家を出発した。父親は、Aさんの忘れ物に気づき、Aさんが家を出てから10分後に家を出発して、同じ道を車で追いかけた。Aさんが自転車で走る速さを毎時15km、父親の車の速さを毎時45kmとするとき、父親がAさんに追いつくのは、家から何kmのところですか。 (愛知県)

② 2けたの自然数がある。この自然数の十の位の数の3倍は、一の位の数より2大きい。また、この自然数の2倍は、十の位の数と一の位の数を入れかえてできる数より1大きくなる。もとの自然数はいくらですか。 (鹿児島県)

③ 右の図において、①は$y=-x+5$のグラフであり、②は$y=ax$のグラフである。①と②の交点の座標を(m, n)とする。m, nがともに正の整数で、aも正の整数となるときのm, nの値を求めなさい。 (静岡県)

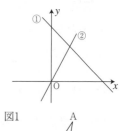

④ 右の図1で、△ABC≡△BEDである。点CはBD上の点であり、辺ACと辺BEとの交点をFとする。∠ABF＝32°、∠CFE＝122°のとき、∠FCDの大きさを求めなさい。 (静岡県)

図1

⑤ 右の図2の四角形ABCDはひし形である。∠xの大きさを求めなさい。 (福島県)

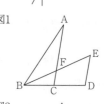

図2

⑥ 右の図3は円柱の展開図である。この展開図を組み立てて作られる円柱の体積を求めなさい。ただし、円周率はπを用いなさい。 (岐阜県)

図3

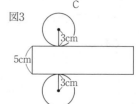

⑦ 右の図4で，∠ADB＝25°，∠BEC＝32°のとき，∠ABCの大きさを求めなさい。 　　　　　　　　　　　　　　　　　　　（鳥取県）

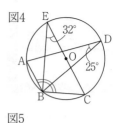

図4

⑧ 図5のような半直線ABがある。∠ABC＝90°となるような直角二等辺三角形ABCを作図しなさい。ただし，作図に使った線は消さないこと。 　　　　　　　　　　　　　　　　　　　（青森県）

図5

⑨ 図6は，底面の正方形の1辺が4cm，側面の二等辺三角形の等しい辺がいずれも6cmの正四角錐の展開図である。この四角錐の高さを求めなさい。 　　　　　　　　　　　　　　　　　　　（高知県）

図6

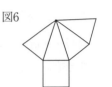

⑩ 右図の△ABCで，辺AC，BC上にそれぞれ点D，Eをとる。∠BAD＝∠CEDのとき，ECの長さを求めなさい。 　　　　　　　　（青森県）

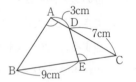

⑪ 右の図7において，ℓ ∥ mのとき，∠xの大きさを求めなさい。 　　　　　　　　　　　　　　　　　　　（佐賀県）

図7

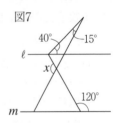

⑫ 右図でℓ ∥ mのとき，xの値を求めなさい。 　　　　　　（島根県）

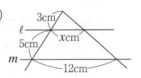

⑬ 2個のさいころを同時に投げるとき，出る目の数の積が5の倍数になる確率を求めなさい。

　　　　　　　　　　　　　　　　　　　（岐阜県）

⑭ A中学校バスケットボール部の1年生12人が，シュート練習を4回ずつ行った。右の表はシュートが成功した回数と人数の関係をまとめたものである。12人について，シュートが成功した回数の中央値が2回であるとき，ア，イにあてはまる数の組み合わせは全部で何通りあるか，求めなさい。 　　　　　　　（石川県）

回数（回）	人数（人）
0	1
1	4
2	ア
3	イ
4	2
計	12

実力チェックテスト 解答解説

解答・解説

① 父親がAさんに家から$x$kmの地点で追いつくとすると，そこまで進むのにかかる時間は，Aさんが$\dfrac{x}{15}$時間，父親は$\dfrac{x}{45}$時間　その違いが10分で，10分＝$\dfrac{1}{6}$時間だから，$\dfrac{x}{15}-\dfrac{x}{45}=\dfrac{1}{6}$　両辺を90倍すると，$6x-2x=15$　$4x=15$　$x=\dfrac{15}{4}$(km)　$\dfrac{15}{4}<4$なので，家から$\underline{\dfrac{15}{4}}$kmのところで追いつく。

② 位の数の関係から，$3x=y+2$　$y=3x-2\cdots$(ア)　この2けたの自然数は$10x+y$と表すことができ，位を入れかえた数は$10y+x$となるので，$2(10x+y)=(10y+x)+1$　整理すると，$20x-x+2y-10y=1$　$19x-8y=1\cdots$(イ)　(ア)を(イ)に代入すると，$19x-8(3x-2)=1$　$-5x=-15$　$x=3$　(ア)に代入して，$y=7$　よって，$\underline{37}$

P42 方程式 >

③ 直線①上でm，nがともに正の整数である点(m, n)は，$(1, 4)$，$(2, 3)$，$(3, 2)$，$(4, 1)$　原点とそれらの点を通る直線のうち，傾きが正の整数となるものは，$(1, 4)$である。なお，そのときの直線②は，$y=4x$　よって，$\underline{m=1}$，$\underline{n=4}$

P44 関数 >

④ $\angle BFC=180°-122°=58°$　$\angle BFC$は$\triangle ABF$の外角なので，$\angle BAF=\angle BFC-\angle ABF=58°-32°=26°$　$\triangle ABC\equiv\triangle BED$なので，$\angle DBE=\angle CAB=26°$　$\angle FCD$は$\triangle BFC$の外角なので，$\angle FCD=\angle CBF+\angle BFC=26°+58°=\underline{84°}$

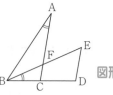

P48 図形合同 >

⑤ ひし形は4辺の長さが等しい四角形なので，$\triangle BAC$は$BA=BC$の二等辺三角形となる。二等辺三角形の底角は等しいから，$\angle BAC=\angle BCA=57°$　よって，$\angle ABC=180°-57°×2=66°$　ひし形は平行四辺形の仲間なので対角は等しい。よって，$\angle x=\angle ABC\underline{66°}$

⑥ 底面の円の半径が3cm，高さが5cmの円柱になる。体積は底面積×高さで求められるから，$\pi×3^2×5=\underline{45\pi(cm^3)}$

P52 図形計量 >

⑦ 弦ACを引くと，同じ弧に対する円周角なので，$\angle BAC=\angle E=32°$，$\angle BCA=\angle D=25°$　$\triangle ABC$の内角の和が$180°$だから，$\angle ABC=180°-32°-25°=\underline{123°}$

P56 円の性質 >

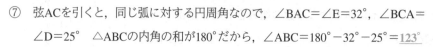

⑧ 右の図のように，まず，点Bを通る半直線ABの垂線BDを引き，次に，点Bを中心として線分ABの長さを半径とする円をかき，BDとの交点の1つをCとする。線分ACを引けば，∠ABC＝90°，AB＝CBの直角二等辺三角形ができる。

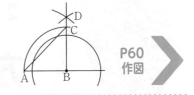

P60
作図

⑨ 展開図を組み立てて正四角錐を作ると，右の図の正四角錐O−ABCDとなる。頂点Oから底面に引いた垂線は底面の正方形の対角線の交点Pを通る。正方形の対角線の長さは1辺の長さの$\sqrt{2}$倍なので，AC＝$4\sqrt{2}$cm，AP＝$2\sqrt{2}$cm △OAPで三平方の定理を用いると，OP^2＝OA^2−AP^2＝6^2−$(2\sqrt{2})^2$＝28　OP＝$\sqrt{28}$＝$2\sqrt{7}$(cm)　高さは$\underline{2\sqrt{7}\text{cm}}$である。

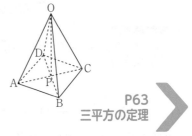

P63
三平方の定理

⑩ △ABCと△EDCにおいて，仮定から，∠BAC＝∠DEC　共通なので，∠ACB＝∠ECD　2組の角がそれぞれ等しいので，△ABC∽△EDC　よって，対応する辺の比が等しいので，AC：EC＝BC：DC　EC＝xとすると，10：x＝$(9+x)$：7　$x(9+x)$＝70　$x^2+9x-70=0$　$(x+14)(x-5)=0$　$x>0$より，EC＝x＝$\underline{5\text{(cm)}}$

P67
相似

⑪ 右の図で，∠BCDは△ACBの外角なので，∠BCD＝∠BAC＋∠B＝55°　ℓ∥mなので同位角は等しいから，∠EFG＝∠BCD＝55° ∠EGF＝180°−120°＝60°　∠AEFは△EFGの外角なので，∠x＝∠AEF＝∠EFG＋∠EGF＝55°＋60°＝$\underline{115°}$

⑫ ℓ∥mなので，3：$(3+5)$＝x：12　8x＝36　$x=\dfrac{36}{8}=\underline{\dfrac{9}{2}}$(cm)

P70
平行線と線分の比

⑬ 2個のさいころを同時に投げるとき，全ての目の出方は6×6＝36(通り)　このうち，出る目の数の積が5の倍数，すなわち，5，10，15，20，25，30のいずれかになるのは，1個目のさいころの出た目の数をa，2個目のさいころの出た目の数をbとしたとき，(a, b)＝$(1, 5)$，$(2, 5)$，$(3, 5)$，$(4, 5)$，$(5, 1)$，$(5, 2)$，$(5, 3)$，$(5, 4)$，$(5, 5)$，$(5, 6)$，$(6, 5)$の11通り。よって，求める確率は$\underline{\dfrac{11}{36}}$

P74
確率

⑭ 1＋4＋ア＋イ＋2＝12(人)より，ア＋イ＝12−1−4−2＝5(人)　中央値は資料の値を大きさの順に並べたときの中央の値。生徒の人数は12人で偶数だから，回数の少ない方から6番目と7番目の生徒の平均値が中央値。これより，ア≧2のとき，6番目の生徒と7番目の生徒の記録はどちらも2回となり，中央値＝$\dfrac{2+2}{2}$＝2(回)となる。よって，ア，イにあてはまる数の組み合わせは全部で，(ア，イ)＝$(2, 3)$，$(3, 2)$，$(4, 1)$，$(5, 0)$の$\underline{4通り}$ある。

P78
データの活用・標本調査

2章　50点確保コース

2章　50点確保コース

方程式

まずは ▶▶▶ タコの巻 リカバリーコース ⑯ で解き方を確認！

(1) 右の表は，ドーナツとクッキーをそれぞれ1個作るのに必要な材料のうち，小麦粉とバターの量を表したものである。表をもとに，ドーナツx個，クッキーy個を作ったところ，小麦粉380g，バター75gを使用していた。x，yについての連立方程式をつくり，ドーナツとクッキーをそれぞれ何個作ったか，求めなさい。　　　　（青森県）

	小麦粉	バター
ドーナツ1個	26g	1.5g
クッキー1個	8g	4g

(2) 自宅から駅までの道のりが1200mの道路があり，その途中に書店がある。自宅を出発してから書店までは分速60mで歩き，書店の前から駅までは分速80mで歩いたところ，自宅を出発してから17分で駅に到着した。このとき，自宅から書店までの道のりと書店から駅までの道のりをそれぞれ求めなさい。　　　　（京都府・改題）

(3) 2けたの自然数がある。この自然数の一の位の数は十の位の数より3小さい。また，十の位の数の2乗は，もとの自然数より15小さい。もとの自然数の十の位の数をaとして方程式を作り，もとの自然数を求めなさい。　　　　（栃木県）

(4) 次のア，イにあてはまる数を求めよ。

　　　$a=7$のとき，$a^2-5a=$ ⑦ である。

　　　また，$a^2-5a=$ ⑦ のとき，$a=7$または$a=$ ⑦ である。

　　　　　　　　　　　　　　　　　　　　　　　　　　　　　　（熊本県）

2章 50点確保コース
方程式 解答解説

解 答

(1) 連立方程式 $\begin{cases} 26x+8y=380 \\ 1.5x+4y=75 \end{cases}$ ，ドーナツ10個，クッキー15個

(2) 自宅から書店までは480m，書店から駅までは720m　(3)　96　(4)　$\boxed{ア}=14$，$\boxed{イ}=-2$

解 説

(1)　ドーナツをx個作るのに必要な小麦粉とバターの量はそれぞれ$26(g) \times x(個)=26x(g)$，

$1.5(g) \times x(個)=1.5x(g)$　また，クッキーをy個作るのに必要な小麦粉とバターの量はそれぞれ

$8(g) \times y(個)=8y(g)$，$4(g) \times y(個)=4y(g)$だから，使用していた小麦粉とバターの量の関係から

$\begin{cases} \mathbf{26x+8y=380} \\ \mathbf{1.5x+4y=75} \end{cases}$ 左の式を整理して $\begin{cases} 26x+8y=380 \cdots① \\ 3x+8y=150 \cdots② \end{cases}$　①－②より，$26x-3x=380-150$

$23x=230$　$x=10$　これを②に代入して，$3 \times 10+8y=150$　$y=15$　よって，ドーナツを$\underline{10}$個，

クッキーを$\underline{15}$個作った。

(2)　自宅から書店までの道のりをxm，書店から駅までの道のりをymとすると，合わせて1200m

なので，$x+y=1200 \cdots(ア)$　自宅から書店まではxmを分速60mの速さで歩いたから，かかった

時間は$\dfrac{x}{60}$分　書店から駅まではymを分速80mで歩いたから，かかった時間は$\dfrac{y}{80}$分

よって，$\dfrac{x}{60}+\dfrac{y}{80}=17$　両辺を240倍すると，$4x+3y=4080 \cdots(イ)$　$(ア) \times 3-(イ)$から，

$-x=-480$　$x=480$　$y=1200-480=720$　自宅から書店までは$\underline{480m}$，書店から駅までは$\underline{720m}$

(3)　一の位の数は十の位の数より3小さいから，$a-3$と表せる。すると，もとの自然数は$10a+$

$(a-3)=11a-3$　よって，$a^2=11a-3-15$　$a^2-11a+18=0$　$(a-2)(a-9)=0$　$a=2$，$a=9$

aは3以上なので，$a=9$　よって，もとの自然数の一の位は，$9-3=6$　もとの自然数は，$\underline{96}$

(4)　$a=7$のとき，$a^2-5a=49-35=14$　$a^2-5a=14$のとき，$a^2-5a-14=0$なので，

$(a+2)(a-7)=0$　よって，$a=-2$，7　$\boxed{ア}=\underline{14}$，$\boxed{イ}=\underline{-2}$となる。

2章 50点確保コース

関数

まずは ▶▶▶ タコの巻 リカバリーコース **8** で解き方を確認！

(1) 下の図のア〜エのグラフは，一次関数$y=2x-3$，$y=2x+3$，$y=-2x-3$，$y=-2x+3$のいずれかである。一次関数$y=2x-3$のグラフをア〜エの中から1つ選び，記号で答えなさい。 （福島県）

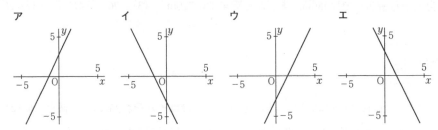

(2) 右の図のように，2つの直線$y=2x+6$，$y=ax+b$があり，x軸との交点をそれぞれA，Bとする。また，点Bの座標は$(2, 0)$である。このとき，次の各問いに答えなさい。 （山口県）

① 2つの直線が平行であるとき，a，bの値を求めなさい。

② 点Aと点Bの間の距離を求めなさい。

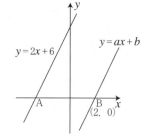

(3) 右の図において，直線は一次関数$y=ax+b$のグラフで，曲線は関数$y=\dfrac{c}{x}$のグラフです。座標軸とグラフが，右の図のように交わっているとき，a，b，cの正負の組み合わせとして正しいものを，次のア〜クの中から一つ選び，その記号を書きなさい。 （埼玉県）

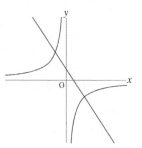

ア $a>0$, $b>0$, $c>0$ 　　イ $a>0$, $b>0$, $c<0$

ウ $a>0$, $b<0$, $c>0$ 　　エ $a>0$, $b<0$, $c<0$

オ $a<0$, $b>0$, $c>0$ 　　カ $a<0$, $b>0$, $c<0$

キ $a<0$, $b<0$, $c>0$ 　　ク $a<0$, $b<0$, $c<0$

(4) 右下の図において，①は関数$y=ax^2(a>0)$，②は関数$y=2x^2$のグラフである。点Aは①のグラフ上に，点Bは②のグラフ上にあり，点Aの座標は$(6, 12)$，点Bのx座標は-2である。このとき，あとの①〜③の問いに答えなさい。 (高知県)

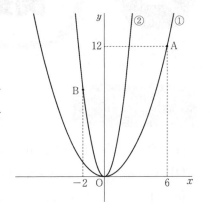

① aの値を求めなさい。

② 2点A，Bを通る直線の式を求めなさい。

③ 直線ABとy軸との交点をCとする。このとき，点Cを通り，△OABの面積を2等分する直線の傾きを求めなさい。

(5) 右の図のように，関数$y=x^2$のグラフ上に点A$(-2, 4)$，x軸上に点B$(5, 0)$，y軸上に点C$(0, a)$がある。線分BCと関数$y=x^2$のグラフとの交点をDとする。ただし，$a>0$とする。このとき，次の各問いに答えなさい。 (広島県)

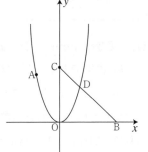

① $a=8$のとき，2点A，Cを通る直線の傾きを求めなさい。

② 線分ADがy軸に垂直になるとき，aの値を求めなさい。

(6) 右の図のア〜エは4つの関数$y=x^2$，$y=-x^2$，$y=-\dfrac{1}{2}x^2$，$y=-2x^2$のいずれかのグラフを表したものである。アのグラフ上に3点A，B，Cがあり，それぞれのx座標は-1，2，3である。このとき，次の問いに答えなさい。 (富山県)

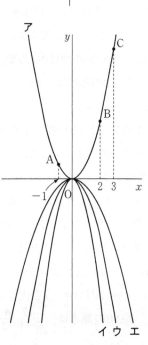

① 関数$y=-\dfrac{1}{2}x^2$のグラフを右の図のア〜エから1つ選び，記号で答えなさい。

② 直線ACの式を求めなさい。

③ △ABCの面積を求めなさい。

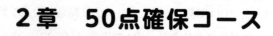

2章 50点確保コース

関数 解答解説

解 答

(1) ウ　　(2) ① $a=2$, $b=-4$　　② 5　　(3) カ

(4) ① $a=\dfrac{1}{3}$　　② $y=\dfrac{1}{2}x+9$　　③ $-\dfrac{5}{2}$　　(5) ① 2　　② $a=\dfrac{20}{3}$

(6) ① エ　　② $y=2x+3$　　③ 6

解 説

(1) 定数a, bを用いて$y=ax+b$と表される関数は一次関数であり，そのグラフは傾きがa，切片がbの直線である。グラフは，$a>0$のとき，xが増加するとyも増加する右上がりの直線となり，$a<0$のとき，xが増加するとyは減少する右下がりの直線となる。また，切片bは，グラフがy軸と交わる点$(0,\ b)$のy座標になっている。一次関数$y=2x-3$のグラフでは，傾きが2より右上がりで，切片が-3よりy軸と点$(0,\ -3)$で交わる直線だから，<u>ウ</u>のグラフである。

(2) ① 平行な直線は傾きが等しい。よって，<u>$a=2$</u>　直線$y=2x+b$とx軸との交点が$(2,\ 0)$なので，$x=2$, $y=0$を代入すると，$0=2\times2+b$　<u>$b=-4$</u>

② 点Aのy座標は0なので，$0=2x+6$から，$-2x=6$　$x=-3$　A$(-3,\ 0)$　したがって，点Aと点Bの距離は，$2-(-3)=2+3=\underline{5}$

(3) 一次関数$y=ax+b$のグラフは傾きがa，切片がbの直線である。グラフは，$a>0$のとき，xが増加するとyも増加する右上がりの直線となり，$a<0$のとき，xが増加するとyは減少する右下がりの直線となる。切片bは，グラフがy軸と交わる点$(0,\ b)$のy座標になっている。よって，問題のグラフより，$a<0$, $b>0$である。また，xとyの関係が定数cを用いて$y=\dfrac{c}{x}$と表されるとき，yはxに反比例し，そのグラフは双曲線を表す。そして，$c>0$のとき，xが増加するとyは減少するグラフになり，$c<0$のとき，xが増加するとyも増加するグラフになる。よって，問題のグラフより，$c<0$である。よって，<u>カ</u>

(4) ① $y=ax^2$に点Aの座標の値$x=6$, $y=12$を代入し，$12=36a$　<u>$a=\dfrac{1}{3}$</u>

② $y=2x^2$に$x=-2$を代入し，$y=8$　点Bの座標は$(-2,\ 8)$　点Aの座標は$(6,\ 12)$なので，直線ABの傾きは，$\dfrac{12-8}{6-(-2)}=\dfrac{1}{2}$　$y=\dfrac{1}{2}x+b$に点Aの座標$x=6$, $y=12$を代入し，$12=\dfrac{1}{2}\times6$

$+b$　　$b=9$　よって，$\underline{y=\dfrac{1}{2}x+9}$

③　点Cの座標は$(0,\ 9)$　△BCOの面積は，$\dfrac{1}{2}\times 9\times 2=9$

△ACOの面積は，$\dfrac{1}{2}\times 9\times 6=27$　よって，△OABの面積は，

$9+27=36$　三角形BCOの面積は9なので，点Cを通り，△OAB

の面積を2等分する直線は，線分OBとは交わらずに線分OAと

交わることがわかる。この線分OAとの交点をDとする。四角

形BODCの面積が18となる直線CDの傾きを求める。△BCOの

面積は9なので，△CODの面積が9になれば，四角形BODCの

面積が18となる。点Dのx座標をdとすると，$\dfrac{1}{2}\times 9\times d=9$

$d=2$　直線OAの式は$y=2x$なので，$y=2\times 2=4$　よって，点Dの座標は$(2,\ 4)$　点C，Dを通

る直線の傾きは，$\dfrac{4-9}{2-0}=\underline{-\dfrac{5}{2}}$

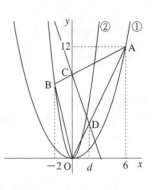

(5)　①　$a=8$のとき直線ACはA$(-2,\ 4)$とC$(0,\ 8)$を通るから，その傾きは，

$\dfrac{(y\text{の増加量})}{(x\text{の増加量})}=\dfrac{8-4}{0-(-2)}=\dfrac{4}{2}=\underline{2}$

②　線分ADがy軸に垂直になるとき，点Dは点Aとy軸について対称の位置にある。

よって，D$(2,\ 4)$　直線BDの式を求めると，B$(5,\ 0)$から，傾きは$\dfrac{0-4}{5-2}=-\dfrac{4}{3}$

よって，$y=-\dfrac{4}{3}x+b$とおいて$x=5$，$y=0$を代入すると，$0=-\dfrac{20}{3}+b$　$b=\dfrac{20}{3}$

よって，$y=-\dfrac{4}{3}x+\dfrac{20}{3}$となるので，C$\left(0,\ \dfrac{20}{3}\right)$　$\underline{a=\dfrac{20}{3}}$

(6)　①　関数$y=ax^2$のグラフは放物線とよばれ，$a>0$のとき，上に開き，$a<0$のとき，下に開

いている。また，aの絶対値が大きいほど，グラフの開きぐあいは小さくなる。これより，ア，

イ，ウ，エはそれぞれ関数$y=x^2$，$y=-2x^2$，$y=-x^2$，$y=-\dfrac{1}{2}x^2$のグラフに対応する。

②　点A，B，Cは$y=x^2$上にあるから，そのy座標はそれぞれ$y=(-1)^2=1$，$y=2^2=4$，$y=3^2=9$

よって，A$(-1,\ 1)$，B$(2,\ 4)$，C$(3,\ 9)$　直線ACの傾きは，$\dfrac{9-1}{3-(-1)}=2$　直線ACの式を

$y=2x+b$とおくと，点Aを通るから，$1=2\times(-1)+b$　$b=3$　直線ACの式は$\underline{y=2x+3}$

③　点Bを通りy軸に平行な直線と直線ACとの交点をDとすると，点Dのx座標は点Bのx座標と

等しく2だから，そのy座標は$y=2\times 2+3=7$　よって，D$(2,\ 7)$　以上より，△ABC$=$

△ABD$+$△CBD$=\dfrac{1}{2}\times$BD$\times$(点Bのx座標$-$点Aのx座標)$+\dfrac{1}{2}\times$BD$\times$(点Cのx座標$-$点Bのx

座標)$=\dfrac{1}{2}\times$BD$\times$(点Cのx座標$-$点Aのx座標)$=\dfrac{1}{2}\times(7-4)\times\{3-(-1)\}=\dfrac{1}{2}\times 3\times 4=\underline{6}$

図形 合同

まずは ▶▶▶ タコの巻 リカバリーコース 9 で解き方を確認！

(1)　右の図のような平行四辺形ABCDがあり，点Eは辺AD上の点で，EB＝ECである。∠BAD＝105°，∠BEC＝80°であるとき，∠ECDの大きさは何度ですか。　　　　　（香川県）

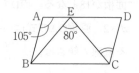

(2)　右の図のように，2つの合同な正方形ABCDとAEFGがあり，それぞれの頂点のうち頂点Aだけを共有しています。辺BCと辺FGは1点で交わっていて，その点をHとします。このとき，BH＝GHであることを証明しなさい。　　　　　（岩手県）

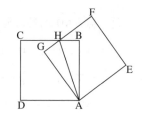

(3)　右の図のように，∠ABC＝90°の直角三角形ABCにおいて，頂点Bから辺ACに垂線BDを引く。また，∠BACの二等分線と辺BC，BDとの交点をそれぞれE，Fとする。このとき，BE＝BFであることを証明しなさい。　　　　　（栃木県）

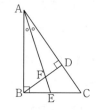

(4)　右の図は，線分ACと線分BDの交点をOとして，AB＝DC，AB∥DCとなるようにかいたものである。このとき，△OAB≡△OCDであることを証明しなさい。　　　　　（沖縄県）

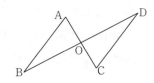

(5) 右の図のように，△ABCがあり，直線ℓは点Bを通り辺AC に平行な直線である。また，∠BACの二等分線と辺BC，ℓとの 交点をそれぞれD，Eとする。AC＝BEであるとき， △ABD≡△ACDとなることを証明しなさい。 （福島県）

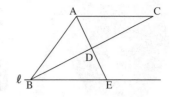

(6) 縦と横の長さが異なる長方形の紙ABCDを，頂点Dが頂点B と重なるように折った。頂点Cが移った点をE，折り目の線分 をFGとする。右の図は，折る前の図形と折った後の図形を表 したものである。次の各問いに答えなさい。 （青森県）

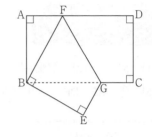

① 四角形ABCDがどのような長方形であっても，線分BGと 長さが等しくなる線分を2つ書きなさい。

② △ABFと△EBGが合同になることを証明しなさい。

(7) 右の図のような，平行四辺形ABCDがある。辺AD上 に，AE：ED＝1：2となる点Eをとり，辺BC上に BE∥FDとなる点Fをとる。線分ACと線分BEの交点を G，線分ACと線分FDの交点をHとする。このとき，次 の①・②の問いに答えなさい。 （高知県）

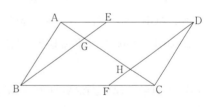

① △ABG≡△CDHを証明しなさい。

② 線分FDと線分CEの交点をIとしたとき，平行四辺形ABCDの面積は，△IHCの面積の何倍 か。

解 答

(1) 55° (2) 解説参照 (3) 解説参照 (4) 解説参照 (5) 解説参照

(6) ① BF, DF ② 解説参照 (7) ① 解説参照 ② 72倍

解 説

(1) 平行四辺形の対角は等しいので, ∠BCD＝∠A＝105° 二等辺三角形の底角は等しいから, ∠ECB＝(180°−80°)÷2＝50° ∠ECD＝105°−50°＝<u>55°</u>

(2) (証明) (例)△ABHと△AGHにおいて, AHは共通…① 仮定から, AB＝AG…② ∠ABH＝∠AGH＝90°…③ ①, ②, ③より, 直角三角形で, 斜辺と他の1辺がそれぞれ等しいから, △ABH≡△AGH 合同な図形の対応する辺は等しいから, BH＝GH

(3) (証明) (例)∠BEA＝180°−90°−∠BAE…① ∠BFE＝∠AFD＝180°−90°−∠DAF…② 仮定より, ∠BAE＝∠DAF…③ ①, ②, ③より, ∠BEA＝∠BFE △BEFは2角が等しいので二等辺三角形である。よって, BE＝BF

(4) (証明) (例)△OABと△OCDにおいて, 仮定より, AB＝CD…① AB∥DCなので錯角は等しいから, ∠OAB＝∠OCD…② ∠OBA＝∠ODC…③ ①, ②, ③より, 1組の辺とその両端の角がそれぞれ等しいので, △OAB≡△OCD

(5) (証明)(例1)△ABDと△ACDにおいて, ADは共通…① 仮定から, ∠BAD＝∠CAD…② また, AC∥BEより, 平行線の錯角は等しいから, ∠CAD＝∠BED…③ ②, ③より∠BAD＝∠BED…④ ④より, △BAEは二等辺三角形だから, BA＝BE…⑤ 仮定からAC＝BE…⑥ ⑤, ⑥より, BA＝CA…⑦ ①, ②, ⑦より, 2組の辺とその間の角がそれぞれ等しいから, △ABD≡△ACD

(例2)線分ECをひく。四角形ABECにおいて, 仮定から, AC∥BE…① 仮定から, AC＝BE…

②　①，②より，1組の対辺が平行でその長さが等しいから，四角形ABECは平行四辺形である。

△ABDと△ACDにおいて，平行四辺形の対角線はそれぞれの中点で交わるから，BD＝CD…③　ADは共通…④　仮定から，∠BAD＝∠CAD…⑤　また，AC∥BEより，平行線の錯角は等しいから，∠CAD＝∠BED…⑥　⑤，⑥より，∠BAD＝∠BED…⑦　⑦より，△BAEは二等辺三角形だから，BA＝BE…⑧　②，⑧より，BA＝CA…⑨　③，④，⑨より3組の辺がそれぞれ等しいから，△ABD≡△ACD

(6)　①　折り返した角なので，∠BFG＝∠DFG　AD∥BCなので錯角が等しいから，∠BGF＝∠DFG　よって，∠BFG＝∠BGFとなるので，△BGFは2角が等しいので二等辺三角形である。したがって，BG＝BF　BFはDFを折り返したものだから，BG＝<u>BF＝DF</u>

②　（証明）（例）△ABFと△EBGにおいて，長方形の対辺なので，AB＝CD…①　折り返した辺だから，EB＝CD…②　①，②より，AB＝EB…③　また∠BAF＝∠BEG＝90°…④　∠ABF＝90°－∠FBG＝∠EBG…⑤　③，④，⑤より，1組の辺とその両端の角がそれぞれ等しいので，△ABF≡△EBG

(7)　①　（証明）（例）△ABGと△CDHにおいて，平行四辺形ABCDの2組の対辺はそれぞれ等しいからAB＝CD…①　AB∥DCより，錯角が等しいから，∠BAG＝∠DCH…②　AD∥BCより，錯角が等しいから，∠AEB＝∠CBE…③　BE∥FDより，同位角が等しいから，∠CBE＝∠CFD…④　③，④より，∠AEB＝∠CFD…⑤　平行四辺形ABCDの2組の対角はそれぞれ等しいから，∠BAD＝∠DCB…⑥　また∠ABG＝180°－∠AEB－∠BAD　∠CDH＝180°－∠CFD－∠DCB　⑤，⑥より，∠ABG＝∠CDH…⑦　①，②，⑦より，1組の辺とその両端の角がそれぞれ等しい。したがって△ABG≡△CDH

②　△IFCから△HFCをひいて△IHCの面積を求める。このとき，平行四辺形ABCDを基準にして計算をすることに注意する。まず，平行四辺形ABCDの面積をSとする。△EBC＝$\frac{1}{2}S$　△EBC∽△IFCでBC：FC＝3：1

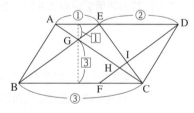

相似な図形の面積比は相似比の2乗に等しいので，
△EBC：△IFC＝9：1　△IFC＝$\frac{1}{9}$△EBC＝$\frac{1}{9}×\frac{1}{2}S＝\frac{1}{18}S$　次に，△GBC＝$\frac{3}{4}$△EBC＝$\frac{3}{4}×\frac{1}{2}S＝\frac{3}{8}S$　△GBC∽△HFCでBC：FC＝3：1　△GBC：△HFC＝9：1　△HFC＝$\frac{1}{9}$△GBC＝$\frac{1}{9}×\frac{3}{8}S＝\frac{1}{24}S$　以上より，△IHC＝△IFC－△HFC＝$\frac{1}{18}S－\frac{1}{24}S＝\frac{1}{72}S$　よって，平行四辺形ABCDの面積は，△IHCの面積の<u>72倍</u>。

2章　50点確保コース

図形 計量

まずは ▶▶▶ タコの巻 リカバリーコース ⑩ で解き方を確認！

(1)　右の図のように，半径6cm，中心角60°のおうぎ形OABと，線分
OA，OBを直径とする半円をかきます。このとき，図の斜線部分の
面積を求めなさい。ただし，円周率はπとする。　　　　　（埼玉県）

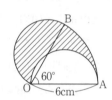

(2)　右の図は円錐の展開図である。側面のおうぎ形の半径は6cm，
中心角は120°である。この円錐の底面の半径を求めなさい。ただ
し，円周率はπとする。　　　　　　　　　　　　　　　（奈良県）

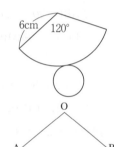

(3)　右の図は，母線の長さが8cm，底面の円の半径が3cmの円錐の展
開図です。図のおうぎ形OABの中心角の大きさを求めなさい。た
だし，円周率はπとする。　　　　　　　　　　　　　　（埼玉県）

(4)　右の図は，底面の半径が3cm，側面積が24π cm²の円錐である。
この円錐の体積を求めなさい。ただし，πは円周率とする。

（秋田県）

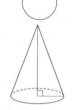

(5)　右の図のような，底面の半径が3cm，母線の長さが8cmの円錐が
ある。この円錐の側面積は底面積の何倍ですか。ただし，円周率は
πとする。　　　　　　　　　　　　　　　　　　　　（和歌山県）

(6)　右の図のような，AB＝$\sqrt{5}$cm，BC＝2cm，∠ABC＝90°の直角
三角形がある。△ABCを，辺ABを軸として1回転させてできる立体
と，辺BCを軸として1回転させてできる立体のうち，体積が大きい
方の立体の体積を求めなさい。ただし，πは円周率とする。

（愛媛県）

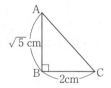

(7) 右の図のように1辺の長さが6cmの立方体ABCD－EFGHがあります。 (岩手県)

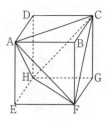

① 立方体ABCD－EFGHの体積は，四面体CFGHの体積の何倍ですか。

② 四面体ACFHの体積を求めなさい。

(8) 右の図のように，直方体ABCD－EFGHがあり，点Mは辺AEの中点である。AB＝BC＝6cm，AE＝12cmのとき，四面体BDGMの体積を求めなさい。 (秋田県)

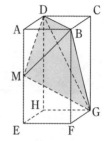

(9) 右の図は，半径3cmの球Aと，その球がちょうど入る円柱Bを表している。このとき，次の各問いに答えなさい。ただし，円周率はπとする。 (沖縄県)

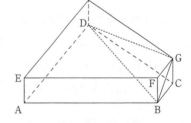

① 球Aの表面積を求めなさい。

② 球Aの体積を求めなさい。

③ 次のア～エのうちから，正しいものを1つ選び，記号で答えなさい。

ア　球Aの表面積は，円柱Bの底面積の2倍である。

イ　球Aの表面積は，円柱Bの側面積に等しい。

ウ　球Aの体積は，円柱Bの体積の$\frac{1}{3}$倍である。

エ　球Aの体積は，円柱Bの体積の半分である。

④ 体積が球Aの体積と等しく，底面が円柱Bの底面と合同である円すいを円すいCとする。円すいCの高さを求めなさい。

(10) 右の図は，AB＝5cm，BC＝1cm，AD＝4cm，∠ADC＝∠BCD＝90°の台形ABCDを底面とし，AE＝BF＝CG＝DH＝1cmを高さとする四角柱である。このとき，次の問いに答えなさい。 (神奈川県)

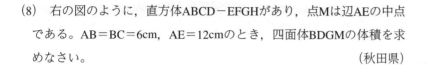

(ア) この四角柱の体積として正しいものを次の1～6の中から1つ選び，その番号を答えなさい。

1. 8cm³　　2. 10cm³　　3. 16cm³　　4. 20cm³　　5. 24cm³　　6. 30cm³

(イ) この四角柱において，3点B，D，Gを結んでできる三角形の面積として正しいものを次の1～6の中から1つ選び，その番号を答えなさい。

1. $\frac{\sqrt{17}}{4}$cm²　　2. $\frac{\sqrt{33}}{4}$cm²　　3. $\frac{\sqrt{17}}{2}$cm²　　4. $\frac{\sqrt{33}}{2}$cm²　　5. $\sqrt{17}$cm²　　6. $\sqrt{33}$cm²

4

図形 計量 解答解説

解 答

(1) $6\pi\,\text{cm}^2$　(2) 2cm　(3) 135°　(4) $3\sqrt{55}\,\pi\,\text{cm}^3$　(5) $\dfrac{8}{3}$倍

(6) $\dfrac{10}{3}\pi\,\text{cm}^3$　(7) ① 6倍　② 72cm^3　(8) 108cm^3

(9) ① $36\pi\,\text{cm}^2$　② $36\pi\,\text{cm}^3$　③ イ　④ 12cm　(10) （ア）2　（イ）4

解 説

(1) 半円の面積を求めなくても面積が求められる。斜線部分の面積は，（おうぎ形OAB）＋（斜線のついた半円）－（斜線のついていない半円）で求められる。つまり，おうぎ形OABの面積に等しい。よって，$\pi\times6^2\times\dfrac{60}{360}=\underline{6\pi\,(\text{cm}^2)}$

(2) このおうぎ形の弧の長さは底面の円周に等しく，$2\pi\times6\times\dfrac{120}{360}=4\pi\,(\text{cm})$　底面の半径をr(cm)とすると，$2\pi r=4\pi$なので，$r=\underline{2\,(\text{cm})}$

(3) おうぎ形OABの中心角を$x°$とすると，$\overset{\frown}{\text{AB}}$の長さは$2\pi\times8\times\dfrac{x}{360}=\dfrac{2}{45}\pi x\cdots$①　また，$\overset{\frown}{\text{AB}}$の長さは底面の円の円周の長さ$2\pi\times3=6\pi\cdots$②に等しい。①，②より，$\dfrac{2}{45}\pi x=6\pi$　$x=\underline{135}$

(4) 半径r，弧の長さℓのおうぎ形の面積は$\dfrac{1}{2}\ell r$で求められるから，問題の円錐の母線の長さを$a$cmとすると，（円錐の側面積）$=\dfrac{1}{2}\times$（底面の円の円周の長さ）$\times$（母線の長さ）$=\dfrac{1}{2}\times(2\pi\times3)\times a=3\pi a\,(\text{cm}^2)$　これが，$24\pi\,\text{cm}^2$に等しいから，$3\pi a=24\pi$より$a=8$　円錐の高さを$h$cmとして三平方の定理を用いると，$h=\sqrt{（母線の長さ）^2-（底面の円の半径）^2}=\sqrt{8^2-3^2}=\sqrt{55}\,(\text{cm})$　よって，求める円錐の体積は，$\dfrac{1}{3}\times$（底面積）$\times$（高さ）$=\dfrac{1}{3}\times(\pi\times3^2)\times\sqrt{55}=\underline{3\sqrt{55}\,\pi\,(\text{cm}^3)}$

(5) 展開図で，側面のおうぎ形の弧の長さは底面の円周に等しく
$2\pi\times3=6\pi\,(\text{cm})$　半径8cmの円の円周は$2\pi\times8=16\pi\,(\text{cm})$
よって側面積は，$\pi\times8^2\times\dfrac{6\pi}{16\pi}=24\pi\,(\text{cm}^2)$　底面積は，$\pi\times3^2$
$=9\pi\,(\text{cm}^2)$　側面積は底面積の$\dfrac{24\pi}{9\pi}=\underline{\dfrac{8}{3}}\,(倍)$

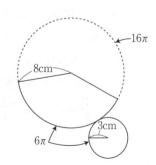

(6) 辺ABを軸として1回転させてできる立体は，底面の半径が2cm，高さが$\sqrt{5}$cmの円すいなので，その体積は，$\frac{1}{3}\times\pi\times2^2\times\sqrt{5}=\frac{4\sqrt{5}}{3}\pi$（cm³）　辺BCを軸とした場合にできる立体の体積は，$\frac{1}{3}\times\pi\times(\sqrt{5})^2\times2=\frac{10}{3}\pi$（cm³）　$4\sqrt{5}=\sqrt{80}$，$10=\sqrt{100}$なので，$\frac{10}{3}\pi$の方が大きい。よって，$\underline{\frac{10}{3}\pi\ \text{cm}^3}$

(7) ① 立方体ABCD－EFGHの体積は，6^3（cm³）　四面体CFGHの体積は，△FGHを底面，CGを高さとみると，$\frac{1}{3}\times\left(\frac{1}{2}\times6\times6\right)\times6=\frac{1}{6}\times6^3$（cm³）　よって，立方体ABCD－EFGHの体積は四面体CFGHの体積の$\underline{6倍}$である。

② 四面体BAFC，四面体EAFH，四面体DACHの体積もそれぞれ$\frac{1}{6}\times6^3$（cm³）なので，四面体ACFHの体積は，$6^3-\frac{1}{6}\times6^3\times4=6^3-6^2\times4=216-144=\underline{72（\text{cm}^3）}$

(8) （三角錐M－ABDの体積）$=\frac{1}{3}\times△ABD\times AM=\frac{1}{3}\times\left(\frac{1}{2}\times AB\times AD\right)\times AM=\frac{1}{3}\times\left(\frac{1}{2}\times6\times6\right)\times6=36$（cm³）…①　（三角錐G－BCDの体積）$=\frac{1}{3}\times△BCD\times CG=\frac{1}{3}\times\left(\frac{1}{2}\times CB\times CD\right)\times CG=\frac{1}{3}\times\left(\frac{1}{2}\times6\times6\right)\times12=72$（cm³）…②　（四角錐G－BMEFの体積）$=$（四角錐G－DMEHの体積）$=\frac{1}{3}\times$（台形BMEF）$\times FG=\frac{1}{3}\times\left\{\frac{1}{2}\times(ME+BF)\times EF\right\}\times FG=\frac{1}{3}\times\left\{\frac{1}{2}\times(6+12)\times6\right\}\times6=108$（cm³）…③　以上より，（四面体BDGMの体積）$=$（直方体ABCD－EFGHの体積）$-①-②-③\times2=6\times6\times12-36-72-108\times2=\underline{108（\text{cm}^3）}$

(9) ① $4\pi\times3^2=\underline{36\pi（\text{cm}^2）}$

② $\frac{4}{3}\pi\times3^3=\underline{36\pi（\text{cm}^3）}$

③ 円柱Bについて，底面積は，$\pi\times3^2=9\pi$（cm²）　側面積は，$(2\pi\times3)\times6=36\pi$（cm²）　体積は，$\pi\times3^2\times6=54\pi$（cm³）　よって，正しいものは，$\underline{イ}$

④ 円すいCの高さを$h$cmとする。体積は球Aの体積と等しいから，$\frac{1}{3}\pi\times3^2\times h=36\pi$　$h=\underline{12（\text{cm}）}$

(10) （ア）台形EFGHで，頂点Fから辺EHに垂線FJを引く。四角形FGHJは長方形より，FG＝JH＝1cmなので，EJ＝4－1＝3（cm）　△EFJで，三平方の定理により，$FJ^2=EF^2-EJ^2=5^2-3^2=16$　FJ＞0より，FJ＝4（cm）

よって，体積は，（台形EFGH）$\times AE=\left\{\frac{1}{2}\times(1+4)\times4\right\}\times1=10$（cm³）　よって，正しいものは，$\underline{2}$

（イ）2組の辺とその間の角がそれぞれ等しいから，△BCD≡△GCD　よって，△BDGはBD＝GDの二等辺三角形である。△BCDで，三平方の定理により，$BD^2=BC^2+CD^2=1^2+4^2=17$　BD＞0より，BD＝GD＝$\sqrt{17}$（cm）　△BCGは直角二等辺三角形だから，BG＝$\sqrt{2}$BC＝$\sqrt{2}\times1=\sqrt{2}$（cm）　線分BGの中点をJ'とすると，∠BJ'D＝90°なので，△BDJ'で，三平方の定理により，$DJ'^2=BD^2-BJ'^2=(\sqrt{17})^2-\left(\frac{\sqrt{2}}{2}\right)^2=\frac{33}{2}$　DJ'＞0より，$DJ'=\sqrt{\frac{33}{2}}=\frac{\sqrt{33}\times\sqrt{2}}{\sqrt{2}\times\sqrt{2}}=\frac{\sqrt{66}}{2}$（cm）　よって，面積は，$\frac{1}{2}\times BG\times DJ'=\frac{1}{2}\times\sqrt{2}\times\frac{\sqrt{66}}{2}=\frac{\sqrt{33}}{2}$（cm²）よって，正しいものは，$\underline{4}$

2章 50点確保コース
円の性質

まずは ▶▶▶ タコの巻 リカバリーコース ⑪ で解き方を確認！

[1] 次の各問いに答えなさい。

(1) 右の図で, 3点A, B, Cは円Oの周上にある。∠xの大きさは何度か。
（鹿児島県）

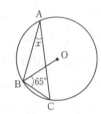

(2) 右の図において, 点Oは円の中心で, 3点A, B, Cは円Oの円周上の点です。このとき, ∠xの大きさを求めなさい。
（埼玉県）

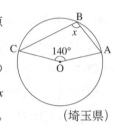

(3) 右の図において, 点Oは円の中心であり, 点A, B, Cは円周上の点であるとき, ∠xの大きさを求めなさい。
（山梨県）

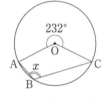

(4) 右の図のような円Oにおいて, ∠xの大きさを求めなさい。 （長崎県）

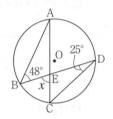

(5) 右の図のように, 円Oの周上に5点A, B, C, D, Eがあり, 線分AD, CEはともに円Oの中心を通る。∠CED＝35°のとき, ∠xの大きさを求めなさい。 （和歌山県）

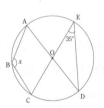

(6) 右の図のように, 円Oの円周上に4つの点A, B, C, Dがあり, 線分BDは円Oの直径である。∠ABD＝33°, ∠COD＝46°であるとき, ∠xの大きさを答えなさい。 （新潟県）

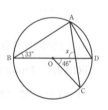

(7) 右の図のように, 円Oの周上に4点A, B, C, Dがあり, 点Cを含まない$\overset{\frown}{AB}$の長さが, 点Aを含まない$\overset{\frown}{CD}$の長さの2倍である。このとき, ∠xの大きさを求めなさい。 （石川県）

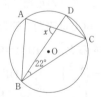

(8) 右図の円Oで, AC∥OBであるとき, ∠xの値を求めなさい。
（鳥取県）

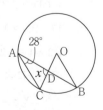

(9) 右の図で，4点A，B，C，Dは円Oの周上にある。このとき，∠xの大きさを求めよ。　　　　　　　（京都府）

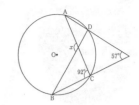

[2] 次の各問いに答えなさい。

(1) 右図で，直線PA，PBはそれぞれ点A，Bで円Oに接している。∠ACB＝65°のとき，∠APBの大きさを求めなさい。

（島根県）

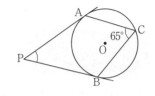

(2) 右図でA，B，Cは円Oの周上の点であり，AC∥BOである。∠ABC＝38°のとき，∠ACBの大きさは何度ですか。　　　（愛知県）

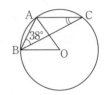

(3) 右図において，3点A，B，Cは点Oを中心とする円の周上の異なる3点であり，3点A，B，Cを結んでできる△ABCは鋭角三角形である。OとCとを結ぶ。Dは，直線BOと線分ACとの交点である。△ABCの内角∠CABの大きさをa°，△OCDの内角∠OCDの大きさをb°とするとき，△OCDの内角∠CDOの大きさをa，bを用いて表しなさい。

（大阪府）

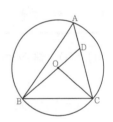

[3] 次の　　の中の「あ」「い」に当てはまる数字をそれぞれ答えよ。

（東京都）

右の図で点Oは線分ABを直径とする円の中心であり，2点C，Dは円Oの周上にある点である。4点A，B，C，Dは図のようにA，C，B，Dの順に並んでおり，互いに一致しない。点Bと点D，点Cと点Dをそれぞれ結ぶ。線分ABと線分CDとの交点をEとする。点Aを含まない$\overparen{BC}$について，$\overparen{BC}＝2\overparen{AD}$，∠BDC＝34°のとき，$x$で示した∠AEDの大きさは，あい度である。

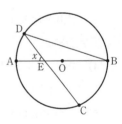

円の性質 解答解説

解 答

[1] (1) 25° (2) 110° (3) 116° (4) 73° (5) 125° (6) 80°

(7) 66° (8) 96° (9) 127°

[2] (1) 50° (2) 26° (3) $2a° - b°$

[3] あい 51

解 説

[1] (1) 線分OCを引くと，△OBCはOB＝OCの二等辺三角形だから，∠BOC＝$180° - 2∠$OBC ＝$180° - 2 \times 65° = 50°$ $\overset{\frown}{BC}$に対する中心角と円周角の関係から，

$∠x = \dfrac{1}{2}∠$BOC$= \dfrac{1}{2} \times 50° = \underline{25°}$

(2) 点Bを含まない方の$\overset{\frown}{AC}$に対する中心角と円周角の関係から，$∠x = \dfrac{1}{2}∠$AOC$= \dfrac{1}{2}(360° -$

$140°) = \underline{110°}$

(3) 点Bを含まない方の$\overset{\frown}{AC}$に対する中心角と円周角の関係から，$∠x = \dfrac{1}{2}∠$AOC$= \dfrac{1}{2} \times 232°$

$= \underline{116°}$

(4) $\overset{\frown}{BC}$に対する円周角なので，∠A＝∠D＝25° ∠BECは△ABEの外角なので，$∠x = ∠$A$+$

∠B＝$25° + 48° = \underline{73°}$

(5) △ODEはOD＝OEの二等辺三角形だから，∠DOE＝$180° - 2∠$OED＝$180° - 2 \times 35° = 110°$ 弧ABCに対する中心角を$a°$，弧AEDCに対する中心角を$b°$とすると，$a° + b° = 360°$ また，対頂角は等しいから，$a° = ∠$DOE$= 110°$ 弧AEDCに対する中心角と円周角の関係から，

$∠x = \dfrac{1}{2} \times b° = \dfrac{1}{2}(360° - a°) = \dfrac{1}{2}(360° - 110°) = \underline{125°}$

(6) 線分ACと線分BDとの交点をEとする。∠BOC＝$180° - 46° = 134°$ 中心角と円周角の関係により，∠BAC＝$134° \times \dfrac{1}{2} = 67°$ △ABEで，内角の大きさの和は180°だから，$∠x =$

$180° - (33° + 67°) = \underline{80°}$

(7) 線分ACと線分BDの交点をEとする。円周角の大きさは弧の長さに比例するから，

$\overset{\frown}{AB} = 2\overset{\frown}{CD}$より，∠ACB＝$2∠CBD= 2 \times 22° = 44°$ △BCEの内角と外角の関係から，$∠x =$

∠ACB＋∠CBD＝$44° + 22° = \underline{66°}$

(8) $\overset{\frown}{BC}$に対する円周角と中心角の関係から，$\angle BOC=2\angle BAC=56°$　AC∥OBなので，錯角は等しいから，$\angle OBA=\angle BAC=28°$　よって，$\angle x=\angle BDO=180°-56°-28°=\underline{96°}$

(9) 直線ADと直線BCの交点をE，弦ACと弦BDの交点をFとする。△ACEの内角と外角の関係から，$\angle CAE=\angle ACB-\angle AEC=92°-57°=35°$　$\overset{\frown}{CD}$に対する円周角の大きさは等しいから，$\angle CBD=\angle CAD=\angle CAE=35°$　△BCFの内角と外角の関係から，

$\angle x=\angle FCB+\angle CBF=92°+35°=\underline{127°}$

[2] (1) 半径OA，OBを引くと，$\overset{\frown}{AB}$に対する中心角と円周角の関係から，$\angle AOB=65°\times2=130°$　接線と接点を通る半径は垂直なので，$\angle OAP=\angle OBP=90°$　四角形の内角の和は360°だから，$\angle APB=360°-130°-90°-90°=\underline{50°}$

(2) 半径OCを引くと，△OACは二等辺三角形であり，頂角$\angle AOC$は$\overset{\frown}{AC}$に対する中心角だから，$2\angle ABC=76°$　よって，$\angle OCA=(180°-76°)\div2=52°$　$\angle ACB=x$とすると，AC∥BOで錯角が等しいから，$\angle CBO=\angle ACB=x$　△OBCは二等辺三角形だから，

$\angle BCO=\angle CBO=x$　よって，$2x=52°$　$x=\angle ACB=\underline{26°}$

(3) $\overset{\frown}{BC}$に対する中心角と円周角の関係から，$\angle BOC=2\angle CAB=2a°$　△OCDの内角と外角の関係から，$\angle CDO=\angle BOC-\angle OCD=\underline{2a°-b°}$

[3] $\overset{\frown}{BC}=2\overset{\frown}{AD}$，$\angle BDC=34°$なので，$\angle DBA=34°\div2=17°$　△DEBの内角と外角の関係から，

$\angle DEA=\angle BDE+\angle DBE=34°+17°=\underline{51°}$

2章　50点確保コース

作図

まずは ▶▶▶ タコの巻 リカバリーコース ⑫ で解き方を確認！

次の各問いに答えなさい。ただし，定規とコンパスだけを使うこと。作図に用いた線は残しておくこと。

(1) 図1のように，直線ℓと2点A，Bがあります。2点A，Bを通り，中心が直線ℓ上にある円の中心Oを作図しなさい。　　（埼玉県）

図1

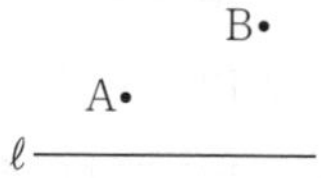

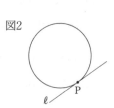

(2) 右の図2において，直線ℓは点Pを接点とする円の接線である。この円の中心を作図によって求めなさい。そのとき，求めた点を・で示しなさい。　　（山梨県）

図2

(3) 図3で，点Pを通り，直線ℓ上の点Qで直線ℓに接する円を作図しなさい。　　（三重県）

図3

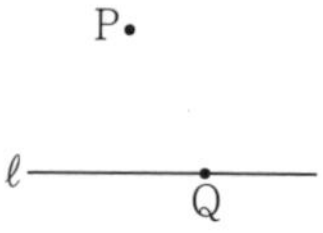

(4) 図4のような平行四辺形ABCDがある。辺AD上にあって，∠BPC＝90°となる点Pを作図しなさい。　　（愛媛県）

図4

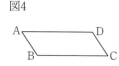

(5) 右の図5で，△ABCは鋭角三角形である。辺AB上にあり，△ACPの面積と△BCPの面積が等しくなるような点Pを，作図によって求め，点Pの位置を示す文字Pも書け。　　（東京都）

図5

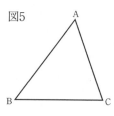

(6) 右の図6で，円Oの周上にあって，2つの半直線AB，ACからの距離が等しい点を作図によってすべて求め，・印で示しなさい。　　（岩手県）

図6

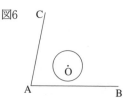

作図 解答解説

解答

すべて，解説を参照してください。

解説

(1) 2点A，Bは円周上の点なので，中心から等しい距離にある。

よって，線分ABの垂直二等分線と直線 ℓ との交点をOとする。

(1)
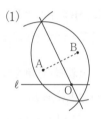

(2) (着眼点)接線と接点を通る半径は垂直に交わるので，円の中心は
接点Pを通る接線 ℓ の垂線上にある。

(作図手順)次の①〜④の手順で作図する。

①点Pを中心とした円をかき，接線 ℓ 上に交点をつくる。

②①でつくったそれぞれの交点を中心として，交わるように半径の
等しい円をかき，その交点と点Pを通る直線(接点Pを通る接線 ℓ の垂
線)を引き，円との交点をQとする。

③点P，Qをそれぞれ中心として，交わるように半径の等しい円をかく。

④③でつくった交点を通る直線(線分PQの垂直二等分線)を引き，接点Pを通る接線 ℓ の垂線と
の交点に●印をかく。(ただし，解答用紙には点Qの表記は不要である。)

(3) 接線と接点を通る半径は垂直なので，点Oは，点Qを通る直線 ℓ
の垂線上にある。また，点P，Qを通るので，線分PQの垂直二等分
線上にある。(ただし，解答用紙には点Oの表記は不要である。)

(3)
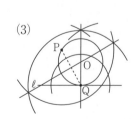

(4) 半円の弧に対する円周角は90°なので，辺BCを直径とする
円をかけばよい。その円の中心は辺BCの中点だから，まず，
線分BCの垂直二等分線を引いて円の中心を求める。

(4)
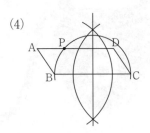

(5) (着眼点)底辺の長さと高さがそれぞれ等しい三角形の面積
は等しい。△ABCで辺ABを底辺とする。辺ABの垂直二等分線
を作図し，辺ABとの交点をPとする。△ACPと△BCPは底辺の
長さと高さがそれぞれ等しい三角形なので，面積は等しい。
(作図手順)次の①～③の手順で作図する。
①点Aを中心とする円をかく。
②点Bを中心とし，①と同じ半径の円をかく。
③①と②でかいた円の2つの交点を通る直線を引き，辺ABとの交点をPとする。

(5)
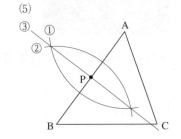

(6) (着眼点)角をつくる2辺から距離が等しい点は，角の二等
分線上にある。
(作図手順)次の①～③の手順で作図する。
①点Aを中心とした円をかき，半直線AB，AC上に交点をつ
くる。
②①でつくったそれぞれの交点を中心として，交わるように
半径の等しい円をかき，その交点と点Aを通る直線(∠BAC
の二等分線)を引く。
③∠BACの二等分線と円Oとの交点に●印を記入する。

(6)
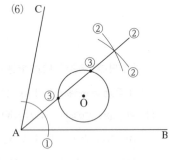

まずは ▶▶▶ タコの巻 リカバリーコース **13** で解き方を確認！

(1) 図1は，底面が直角三角形で，側面がすべて長方形の三角柱です。EF＝6cm，DF＝$2\sqrt{5}$cm，BE＝9cmで，点M，Nはそれぞれ辺EF，DFの中点です。このとき，線分BMの長さを求めなさい。　　（岩手県）

図1

(2) 図2で，△ABCは，AB＝BC＝5cm，AC＝8cmの二等辺三角形です。△ABCをACを軸として，1回転させてできる立体の体積を求めなさい。ただし，円周率はπとする。　　（埼玉県）

図2

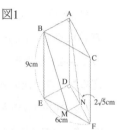

(3) 図3は，底面の円の半径が2cm，母線の長さが7cmの円錐の展開図である。この円錐の体積を求めなさい。ただし，円周率はπとする。　　（滋賀県）

図3

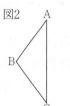

(4) 右の図4のように，底面が，1辺の長さが4cmの正方形ABCDで，OA＝OB＝OC＝OD＝4cmの正四角すいがあります。辺OC上に，OP＝3cmとなるように点Pをとります。辺OB上に点Qをとり，AQ＋QPが最小となるようにするとき，AQ＋QPは何cmですか。　　（広島県）

図4

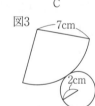

(5) 図5は，底面が正方形で，側面が二等辺三角形の正四角錐OABCDです。①～③に答えなさい。　　（岡山県）

① 図5について正しく述べているのは，ア～エのどれですか。一つ答えなさい。

　ア　直線OAと直線BCは平行である。

　イ　直線OBと直線ODはねじれの位置にある。

　ウ　直線ADと平面OBCは平行である。

　エ　平面OABと平面ABCDは垂直である。

図5

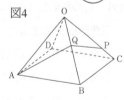

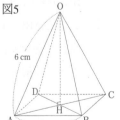

【正四角錐OABCDの説明】
・OA＝6cm
・AB＝4cm
・点Hは正方形ABCDの対角線の交点

② 線分AHの長さを求めなさい。

③ 正四角錐OABCDの体積を求めなさい。

(6) 図6で，四角錐OABCDは，側面がすべて正三角形の正四角錐である。頂点Oから底面ABCDまでの高さが6cmであるとき，この正四角錐の体積は何cm³ですか。 （愛知県）

図6
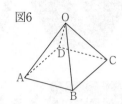

(7) 図7-1のように，長方形ABCDがあり，AB＝4cm，BC＝2cmである。辺CD上に点Eをとる。図7-2のように図7-1の長方形ABCDを線分AEを折り目として折り返したとき，点Dが移った点をFとする。三角形AFDが正三角形となるように点Eを定めたとき，次の各問いに答えなさい。 （長崎県・改題）

① ∠DEFの大きさは何度ですか。

② 線分EFの長さは何cmですか。

図7-1 図7-2
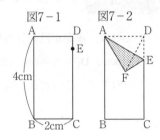

(8) 右の図8のように，BC＝$\sqrt{3}$cm，∠A＝30°，∠C＝90°である直角三角形から，点Cを中心とする半径1cm，中心角90°のおうぎ形を取り除いた図形(灰色の部分)を，直線ACを回転の軸として1回転させてできる回転体の体積を求めなさい。ただし，円周率はπとする。 （鳥取県）

図8
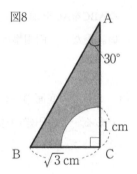

(9) 右の図9は，DE＝4cm，EF＝2cm，∠DEF＝90°の直角三角形DEFを底面とする高さが3cmの三角柱ABC-DEFである。また，辺AD上にDG＝1cmとなる点Gをとる。このとき，次の①，②の問いに答えなさい。 （栃木県）

① BGの長さを求めなさい。

② 三角柱ABC-DEFを3点B，C，Gを含む平面で2つの立体に分けた。この2つの立体のうち，頂点Dを含む立体の体積を求めなさい。

図9
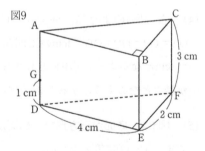

三平方の定理 解答解説

解 答

(1) $3\sqrt{10}$cm   (2) 24πcm³   (3) $4\sqrt{5}\pi$cm³   (4) $\sqrt{37}$cm

(5) ① ウ ② $2\sqrt{2}$cm ③ $\dfrac{32\sqrt{7}}{3}$cm³ (6) 144cm³

(7) ① 120° ② $\dfrac{2\sqrt{3}}{3}$cm (8) $\dfrac{7}{3}\pi$cm³ (9) ① $2\sqrt{5}$cm ② $\dfrac{28}{3}$cm³

解 説

(1) 点MはEFの中点だから，EM＝3cm　△BEMで三平方の定理を用いると，BM＝$\sqrt{\text{EM}^2+\text{BE}^2}$
＝$\sqrt{3^2+9^2}$＝$\underline{3\sqrt{10}\,(\text{cm})}$

(2) △ABCは二等辺三角形なので，BからACに垂線BHを引くと，HはACの中点となる。よって，AH＝CH＝4(cm)　△ABHで三平方の定理を用いると，BH²＝AB²－AH²＝5²－4²＝9
BH＝$\sqrt{9}$＝3(cm)　ACを軸として1回転させると，底面の半径が3cmで，高さが4cmの円錐を2つ合わせた立体ができる。その体積は，$\dfrac{1}{3}\times\pi\times3^2\times4\times2$＝$\underline{24\pi\,(\text{cm}^3)}$

(3) この円錐の母線の長さは7cm，底面の半径は2cmなので，右の図のように，高さをhとすると，$h^2+2^2=7^2$　$h^2=45$　$h=\sqrt{45}=3\sqrt{5}$(cm)　よって，円錐の体積は，$\dfrac{1}{3}\times\pi\times2^2\times3\sqrt{5}$＝$\underline{4\sqrt{5}\pi\,(\text{cm}^3)}$

(4) 正四角すいO－ABCDの展開図の一部を右の図に示す。展開図上で点Qが線分AP上にあるとき，AQ＋QPは最小となり，その最小の値は線分APの長さに等しい。点Pから直線OAへ垂線PHを引くと，△OPHは30°，60°，90°の直角三角形で，3辺の比は2：1：$\sqrt{3}$だから，OH＝$\dfrac{1}{2}$OP＝$\dfrac{3}{2}$(cm)　PH＝$\sqrt{3}$OH＝$\dfrac{3\sqrt{3}}{2}$(cm)
以上より，△APHに三平方の定理を用いると，

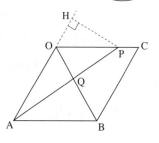

$$\text{AP}=\sqrt{\text{AH}^2+\text{PH}^2}=\sqrt{(\text{OA}+\text{OH})^2+\text{PH}^2}=\sqrt{\left(4+\dfrac{3}{2}\right)^2+\left(\dfrac{3\sqrt{3}}{2}\right)^2}=\underline{\sqrt{37}\,(\text{cm})}$$

(5) ① ア　直線OAと直線BCは同じ平面上にないから，ねじれの位置にある。アは正しくない。　イ　直線OBと直線ODは点Oで交わるから，ねじれの位置にはない。イは正しくない。　ウ　直線ADは平面OBC上になく，平面OBCと交わらないから平行である。ウは正しい。　エ　平面OABと平面ABCDは交わるが，垂直ではない。エは正しくない。

② △ABCは直角二等辺三角形で，3辺の比は$1:1:\sqrt{2}$だから，$AC=\sqrt{2}AB=4\sqrt{2}$(cm)　正方形では，対角線はそれぞれの中点で交わるから，$AH=\dfrac{AC}{2}=\dfrac{4\sqrt{2}}{2}=\underline{2\sqrt{2}\text{ (cm)}}$

③ OH⊥平面ABCDである。△OAHに三平方の定理を用いると，$OH=\sqrt{OA^2-AH^2}=\sqrt{6^2-(2\sqrt{2})^2}=2\sqrt{7}$(cm)　よって，正四角錐OABCDの体積は，$\dfrac{1}{3}\times AB^2\times OH=\dfrac{1}{3}\times 4^2\times 2\sqrt{7}=\underline{\dfrac{32\sqrt{7}}{3}\text{ (cm}^3)}$

(6) 底面の正方形の対角線の交点をEとすると，$OE=6$　側面の正三角形の1辺の長さを$2x$とすると，正方形の対角線の長さは1辺の長さの$\sqrt{2}$倍だから，$AC=2\sqrt{2}x$，$AE=\sqrt{2}x$　△OAEは直角三角形となるので，三平方の定理を用いると，$OA^2=AE^2+OE^2$　よって，$4x^2=2x^2+36$　$x^2=18$　$x=\sqrt{18}=3\sqrt{2}$　1辺の長さは$6\sqrt{2}$cm　この正四角錐の体積は，$\dfrac{1}{3}\times 6\sqrt{2}\times 6\sqrt{2}\times 6=\underline{144\text{ (cm}^3)}$

（1辺の長さをxとしてもよいが，計算に分数が出てきてわずらわしい。）

(7) ① △AFDは正三角形なので，∠FAD$=60°$　△AFEは△ADEを折り返したものだから，∠FAE$=$∠DAE$=30°$　また，∠AFE$=$∠ADE$=90°$だから，∠AEF$=$∠AED$=60°$　したがって，∠DEF$=\underline{120°}$

② △AEFは内角の大きさが$30°$，$60°$，$90°$の直角三角形だから，AE：EF：AF$=2:1:\sqrt{3}$　AF$=$AD$=2$cmなので，EF：$2=1:\sqrt{3}$　$\sqrt{3}$EF$=2$　EF$=\dfrac{2}{\sqrt{3}}=\underline{\dfrac{2\sqrt{3}}{3}\text{ (cm)}}$

(8) △ABCは∠BAC$=30°$の直角三角形なので，BC：AC$=1:\sqrt{3}$　したがって，AC$=3$cm　△ABCを直線ACを回転の軸として1回転させてできる円すいの体積は，$\dfrac{1}{3}\times \pi\times(\sqrt{3})^2\times 3=3\pi$(cm^3)　中心角$90°$のおうぎ形を，直線ACを軸にして1回転させてできる立体は球の半分（半球）となるので，その体積は，$\dfrac{4}{3}\pi\times 1^3\times\dfrac{1}{2}=\dfrac{2}{3}\pi$(cm^3)　したがって，求める体積は，$3\pi-\dfrac{2}{3}\pi=\underline{\dfrac{7}{3}\pi\text{ (cm}^3)}$

(9) ① △ABGは∠BAG$=90°$の直角三角形だから，三平方の定理を用いて，$BG=\sqrt{AB^2+AG^2}=\sqrt{AB^2+(AD-DG)^2}=\sqrt{4^2+(3-1)^2}=\underline{2\sqrt{5}\text{ (cm)}}$

② 頂点Dを含む立体の体積は，三角柱ABC－DEFの体積から三角錐G－ABCの体積をひいて求められる。三角錐G－ABCで，△ABCを底面としたときの高さは線分AGだから，求める立体の体積は，$\triangle ABC\times AD-\dfrac{1}{3}\times\triangle ABC\times AG=\triangle ABC\times\left(AD-\dfrac{1}{3}AG\right)=\dfrac{1}{2}\times AB\times BC\times\left(AD-\dfrac{1}{3}AG\right)=\dfrac{1}{2}\times 4\times 2\times\left(3-\dfrac{1}{3}\times 2\right)=\underline{\dfrac{28}{3}\text{ (cm}^3)}$

2章　50点確保コース

相似

まずは ▶▶▶ タコの巻 リカバリーコース ⑰ で解き方を確認！

(1)　右図のように，正三角形ABCがある。この正三角形の辺BC上に点Dをとり，辺ADを1辺とする正三角形ADEを作る。また，辺ACと辺DEの交点をFとし，点Fから線分DCに垂線を引き，線分DCとの交点をHとする。このとき，次の各問いに答えなさい。　（高知県・改題）

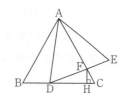

①　△ABD∽△AEFを証明しなさい。

②　AB＝8cm，AD＝7cmのとき，AFの長さとFHの長さを求めなさい。

(2)　右の図のような，AB＝ACの二等辺三角形ABCがあり，辺BAの延長に∠ACB＝∠ACDとなるように点Dをとる。ただし，AB＜CBとする。このとき，△DBC∽△DCAであることを証明しなさい。　（栃木県）

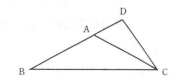

(3)　次の文は，ある中学校の数学の授業での課題と，その授業での先生と生徒の会話の一部である。この文を読んで，あとの①〜⑤の問いに答えなさい。　（新潟県）

課題

　右の図1のような，縦9cm，横16cmの長方形の厚紙1枚を，いくつかの図形に切り分け，それらの図形をつなぎ合わせて，図1の長方形と同じ面積の正方形を1つ作る。

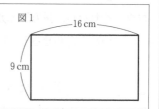

図1

先生：これから，縦9cm，横16cmの長方形の厚紙を配ります。

ミキ：図1の長方形の面積は　ア　cm²だから，これと同じ面積の正方形の1辺の長さは　イ　cmです。

リク：私は，図1の長方形を，右の図2のように，5つの長方形に切り分け，それらの長方形をつなぎ合わせて，右の図3のように正方形を作りました。

ミキ：なるほど。

ユイ：ほかに切り分ける方法はないのでしょうか。

図2

図3

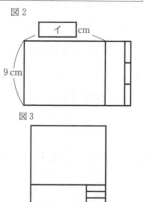

先生：それでは，切り分ける図形の個数を最も少なくすることを考えてみましょう。まず，右の図4のように，∠RPQが直角で斜辺QRの長さを16cmとし，頂点Pから斜辺QRに引いた垂線と斜辺QRとの交点をHとするとき，線分QHの長さが9cmである△PQRを考えます。このとき，辺PQの長さを求めてみましょう。

コウ：_Ⅱ△PQRと△HQPが相似なので，辺PQの長さは ウ cmです。

先生：そのとおりです。さて，図1の長方形と図4の△PQRを見て，何か気づくことはありますか。

リク：長方形の横の長さと，△PQRの斜辺QRの長さは，どちらも16cmです。

ミキ：私も同じことに気づきました。そこで，図1の長方形と合同な長方形の頂点を，図5のように，左上から反時計回りにA，B，C，Dとしました。そして，図6のように，長方形の辺BCと△PQRの斜辺QRを重ねた図をかきました。

先生：ミキさんがかいた図6を利用して，長方形AQRDを，3つの図形に切り分けることを考えてみましょう。

ユイ：右の図7のように，線分ADと線分RPの延長との交点をEとすると，_Ⅲ線分PQの長さと線分ERの長さは等しくなります。

コウ：それなら，長方形AQRDを線分PQと線分ERで3つの図形に切り分け，それらの図形をつなぎ合わせると，図1の長方形と同じ面積の正方形を1つ作ることができます。

① ア ， イ に当てはまる数を，それぞれ答えなさい。

② 下線部分Ⅰについて，切り分けた5つの長方形のうち，最も面積の小さい長方形は3つある。このうち1つの長方形の面積を答えなさい。

③ 下線部分Ⅱについて，△PQR∽△HQPであることを証明しなさい。

④ ウ に当てはまる数を答えなさい。

⑤ 下線部分Ⅲについて，PQ＝ERであることを証明しなさい。

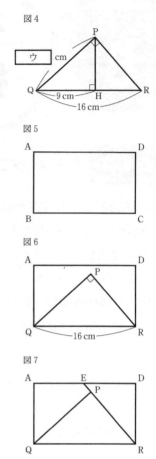

図4

ウ cm

図5

図6

図7

相似 解答解説

解 答

(1) ① 解説参照 ② AF $\dfrac{49}{8}$cm FH $\dfrac{15\sqrt{3}}{16}$cm (2) 解説参照

(3) ① ア 144 イ 12 ② 3cm^2 ③ 解説参照 ④ 12 ⑤ 解説参照

解 説

(1) ① （証明）（例）△ABDと△AEFにおいて，∠B＝∠E＝60°，∠BAD＝60°－∠DAC＝

∠EAF 2組の角がそれぞれ等しいので，△ABD∽△AEF

② △ABD∽△AEFなので，AB：AE＝AD：AF 8：7＝7：AF 8×AF＝49 よって，AF＝

$\dfrac{49}{8}$(cm) CF＝8－$\dfrac{49}{8}$＝$\dfrac{15}{8}$(cm) △CFHは内角の大きさが30°，60°，90°の直角三角形なの

で，CF：FH＝2：$\sqrt{3}$ よって，FH＝$\dfrac{\sqrt{3}}{2}$CF＝$\dfrac{15\sqrt{3}}{16}$(cm)

(2) （証明）（例）△DBCと△DCAにおいて，二等辺三角形の底角は等しいから∠ABC＝∠ACB

…① 仮定より∠ACB＝∠ACD…② ①，②より∠DBC＝∠DCA…③ 共通な角だから

∠BDC＝∠CDA…④ ③，④より，2組の角がそれぞれ等しいので，△DBC∽△DCA

(3) ① 縦9cm，横16cmの長方形だから，面積は，9×16＝

$_{ア}\underline{144}$(cm^2) 正方形の1辺の長さを$a$cmとすると，a^2＝144

$a>0$より，$a＝_{イ}\underline{12}$(cm)

② 右の図より，縦1cm，横3cmの長方形だから，面積は，

1×3＝$\underline{3\,(\text{cm}^2)}$

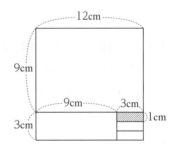

③ （証明）（例）△PQRと△HQPにおいて，

∠QPR＝∠QHP＝90°…① ∠PQR＝∠HQP…② ①，②

より，2組の角がそれぞれ等しいので，△PQR∽△HQP

④ △PQR∽△HQPより，PQ：HQ＝RQ：PQ PQ：9＝16：PQ PQ^2＝144 PQ＞0より，PQ

＝$\underline{12}$(cm)

⑤ （証明）（例）点Hは，図4と同じ点とする。△PQHと△ERDにおいて，QH＝RD…①

∠PHQ＝∠EDR＝90°…② ∠QPH＝∠PRHだから，

∠PQH＝90°－∠QPH＝90°－∠PRH＝∠ERD…③ ①，②，③より，1組の辺とその両端の

角がそれぞれ等しいので，△PQH≡△ERD よって，PQ＝ER

平行線と線分の比

まずは ▶▶▶ タコの巻 リカバリーコース ⑱ で解き方を確認!

(1) 右の図で，3直線 ℓ，m，nはいずれも平行である。このとき，xの値を求めなさい。 　　　　　　　　　　　　　　（秋田県）

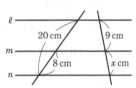

(2) 右の図のように，平行な3つの直線 ℓ，m，nがある。xの値を求めなさい。 　　　　　　　　　　　　　（徳島県）

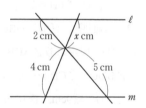

(3) 右の図のように，平行な2つの直線 ℓ，mに2直線が交わっている。xの値を求めなさい。 　　　　　　　　　　　　（栃木県）

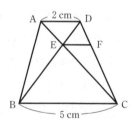

(4) 右の図のような，AD＝2cm，BC＝5cm，AD∥BCである台形ABCDがあり，対角線AC，BDの交点をEとする。点Eから，辺DC上に辺BCと線分EFが平行となる点Fをとるとき，線分EFの長さを答えなさい。 　　　　　　　　（北海道）

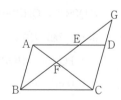

(5) 右図のように，平行四辺形ABCDがある。点EはAD上の点であり，AE：ED＝2：1である。線分ACと線分BEの交点をF，線分BEと線分CDをそれぞれ延長した直線の交点をGとする。BF＝4cmのとき，線分EGの長さを求めなさい。 　　　　（秋田県）

(6)　右の図のように，AD∥BCである台形ABCDがあり，対角線の交点をGとする。点Gを通り，ADに平行な直線と，AB，DCとの交点をそれぞれE，Fとする。AD＝6cm，BC＝10cmとするとき，AG：GCを最も簡単な整数の比で表せ。　（福井県）

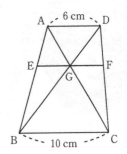

(7)　右の図で，AB，CD，EFは平行です。AB＝2cm，CD＝3cmのとき，EFの長さを求めなさい。　（埼玉県）

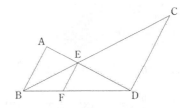

(8)　右の図のように，△ABCにおいて，辺AB上に点P，辺AC上に2点Q，Rをとる。このとき，PQ∥BR，AQ＝3cm，PR＝2cm，∠BRP＝∠BRCとする。このとき，線分QRの長さを求めなさい。　（沖縄県）

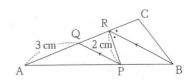

(9)　右図のように，BC＝3cm，CA＝4cm，∠C＝90°の直角三角形ABCがある。DE∥BC，DE＝2cmとなるように点D，Eをそれぞれ辺AB，AC上にとる。このとき，次の各問いに答えなさい。　（富山県）

① 　線分ADの長さを求めなさい。

② 　四角形BCEDを，線分CEを軸として1回転させてできる立体の体積を求めなさい。ただし，円周率はπとします。

(10)　右の図において，立体ABCD－EFGHは四角柱である。四角形ABCDはAD∥BCの台形であり，AD＝3cm，BC＝7cm，AB＝DC＝6cmである。四角形EFGH≡四角形ABCDである。四角形EFBA，HEAD，HGCD，GFBCは長方形であり，EA＝9cmである。Iは，辺AB上にあってA，Bと異なる点である。FとIとを結ぶ。Jは，Iを通り辺BCに平行な直線と辺DCとの交点である。FとJ，BとJとをそれぞれ結ぶ。次の問いに答えなさい。　（大阪府）

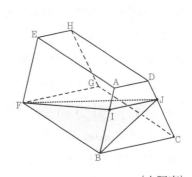

① 　次のア～オのうち，辺ADとねじれの位置にある辺はどれですか。すべて選びなさい。

ア　辺AB　イ　辺BC　ウ　辺EF　エ　辺FB　オ　辺FG

② 　AI＝2cmであるとき，線分IJの長さを求めなさい。

③ 　AI＝2cmであるとき，立体IFBJの体積を求めなさい。

2章 50点確保コース

平行線と線分の比 解答解説

解 答

(1)　10　　(2)　6　　(3)　$\dfrac{8}{5}$　　(4)　$\dfrac{10}{7}$ cm　　(5)　$\dfrac{10}{3}$ cm　　(6)　3：5

(7)　$\dfrac{6}{5}$ cm　　(8)　2cm　　(9)　①　$\dfrac{10}{3}$ cm　　②　$\dfrac{76}{9}\pi$ cm³

(10)　①　ウ，エ　　②　$\dfrac{13}{3}$ cm　　③　$\dfrac{52\sqrt{2}}{3}$ cm³

解 説

(1)　平行線と線分の比の定理を用いると，$15：x=18：12=3：2$　$x=\dfrac{15×2}{3}=\underline{10}$

(2)　平行線と線分の比の定理を用いると，$9：x=(20-8)：8=12：8=3：2$　$x=\dfrac{9×2}{3}=\underline{6}$

(3)　右図において，平行線と線分の比についての定理より，AO：DO
　$=$BO：CO　$x=$BO$=\dfrac{\text{AO}×\text{CO}}{\text{DO}}=\dfrac{2×4}{5}=\underline{\dfrac{8}{5}}$

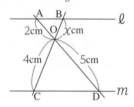

(4)　AD∥BCなので，三角形と比の定理により，AE：EC＝AD：BC＝2：5　EF∥ADより，
　EF：AD＝CE：CA＝5：(2＋5)＝5：7　よって，EF$=\dfrac{5}{7}$AD$=\dfrac{5}{7}×2=\underline{\dfrac{10}{7}}$(cm)

(5)　AD∥BCなので，AE：CB＝EF：BF　AE：CB＝AE：AD＝2：3　2：3＝EF：4なので，EF
　$=\dfrac{8}{3}$ cm　また，GE：GB＝ED：BC＝ED：AD＝1：3だから，EG$=x$cmとすると，
　$x：\left(4+\dfrac{8}{3}+x\right)=1：3$　$3x=\dfrac{20}{3}+x$　$x=$EG$=\underline{\dfrac{10}{3}}$(cm)

(6)　AD∥BCより，平行線と線分の比の定理を用いると，AG：GC＝AD：BC＝6：10$=\underline{3：5}$

(7)　AB∥CD∥EFだから，平行線と線分の比についての定理より，AE：ED＝AB：CD＝2：3
　EF：AB＝ED：AD＝ED：(AE＋ED)＝3：(2＋3)＝3：5　EF$=\dfrac{3}{5}$AB$=\dfrac{3}{5}×2=\underline{\dfrac{6}{5}}$(cm)

(8)　PQ∥BRより，平行線の同位角は等しいから，∠PQR＝∠BRC…(i)　平行線の錯角は等し
　いから，∠QPR＝∠BRP…(ii)　仮定より，∠BRP＝∠BRC…(iii)　(i)，(ii)，(iii)より，
　∠PQR＝∠QPRだから，△PQRは，PR＝QRの二等辺三角形である。よって，QR$=\underline{2cm}$

(9)　①　△ABCで三平方の定理を用いると，AB²＝BC²＋CA²＝25　AB＝5(cm)　DE∥BCなの

で，AD：AB＝DE：BC　AD：5＝2：3　よって，AD＝$\dfrac{10}{3}$(cm)

② AE：AC＝DE：BC　AE：4＝2：3　AE＝$\dfrac{8}{3}$(cm)　四角形BCEDを1回転させてできる立体は，(△ABCを1回転させてできる円錐)から(△ADEを1回転させてできる円錐)を除いたものである。よって，その体積は，$\dfrac{1}{3}\times\pi\times3^2\times4-\dfrac{1}{3}\times\pi\times2^2\times\dfrac{8}{3}=\dfrac{76}{9}\pi$(cm³)

(10) ① 空間内で，平行でなく，交わらない2つの直線はねじれの位置にあるという。辺ADと平行な辺は，辺BC，EH，FGの3本。辺ADと交わる辺は，辺AB，AE，DC，DHの4本。辺ADとねじれの位置にある辺は，<u>辺FB</u>，CG，<u>EF</u>，HGの4本。

② 辺BAの延長と，辺CDの延長との交点をKとすると，AD∥BCより，平行線と線分の比の定理を用いて，KA：KB＝AD：BC＝3：7より，KA：AB＝3：(7−3)＝3：4　KA＝AB×$\dfrac{3}{4}$＝6×$\dfrac{3}{4}$＝$\dfrac{9}{2}$(cm)　IJ∥BCより，平行線と線分の比の定理を用いて，IJ：BC＝KI：KB＝(KA+AI)：(KA+AB)＝$\left(\dfrac{9}{2}+2\right)$：$\left(\dfrac{9}{2}+6\right)$＝13：21　IJ＝BC×$\dfrac{13}{21}$＝7×$\dfrac{13}{21}$＝$\dfrac{13}{3}$(cm)

③ 前問②において，点Kから辺BCへ垂線KPを引き，線分IJとの交点をQとする。四角形ABCDはAB＝DCの等脚台形であることから，△KBCはKB＝KCの二等辺三角形となり，点Pは辺BCの中点である。△KBPに三平方の定理を用いると，KP＝$\sqrt{KB^2-BP^2}=\sqrt{\left(\dfrac{21}{2}\right)^2-\left(\dfrac{7}{2}\right)^2}$＝$7\sqrt{2}$(cm)　KI：KB＝13：21より，QP＝KP×$\dfrac{21-13}{21}$＝$7\sqrt{2}\times\dfrac{8}{21}=\dfrac{8\sqrt{2}}{3}$(cm)

BF⊥面ABCDより，立体IFBJの底面を△IBJと考えると，高さがBFの三角すいだから，その体積は$\dfrac{1}{3}\times\triangle IBJ\times BF=\dfrac{1}{3}\times\left(\dfrac{1}{2}\times IJ\times QP\right)\times BF=\dfrac{1}{3}\times\left(\dfrac{1}{2}\times\dfrac{13}{3}\times\dfrac{8\sqrt{2}}{3}\right)\times9=\dfrac{52\sqrt{2}}{3}$(cm³)

10 確率

2章 50点確保コース

まずは ▶▶▶ タコの巻 リカバリーコース 14 で解き方を確認！

(1) Aさん，Bさん，Cさんの3人は，プレゼントを1つずつ持ちよって，次の方法でプレゼントを受け取ることにしました。

まず，3人の名前を1人ずつ書いた3枚のカードをよくきって，Aさん，Bさん，Cさんの順に1枚ずつひきます。そして，ひいたカードに名前が書かれている人のプレゼントを受け取ります。このとき，次の各問いに答えなさい。 (岩手県)

① 3人のカードのひき方は全部で何通りありますか。

② 3人とも，他の人の持ってきたプレゼントを受け取る確率を求めなさい。

(2) 2，3，4の数字を1つずつ書いた3枚のカードがある。このカードをよくきって，1枚ひき，カードに書いてある数字を記録してまたもとに戻す。このことを3回くり返し，1回目に記録した数字を百の位，2回目に記録した数字を十の位，3回目に記録した数字を一の位とする3けたの整数を作るとき，次の各問いに答えなさい。 (大分県)

① 300より小さい整数は何通りできるか求めなさい。

② 百の位，十の位，一の位の数字のうち，3けたの整数232のように，2つの数字が同じで，1つの数字が異なる確率を求めなさい。

(3) 大小2つのさいころを投げて，大きいさいころの出た目の数をa，小さいさいころの出た目の数をbとするとき，$5a+2b$が5の倍数となる確率を求めなさい。 (愛知県)

(4) 大小2つのさいころを同時に1回投げ，大きいさいころの出た目の数をa，小さいさいころの出た目の数をbとする。このとき，$\sqrt{a+b}$の値が整数となる確率を求めなさい。ただし，さいころは1から6までのどの目が出ることも同様に確からしいものとする。 (鳥取県)

(5) 右の図のように，箱Aには，2，4，6の数字が1つずつ書かれた3個の玉が入っており，箱Bには，6，7，8，9の数字が1つずつ書かれた4個の玉が入っている。箱A，Bからそれぞれ1個ずつ玉を取り出す。箱Aから取り出した玉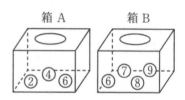に書かれた数をa，箱Bから取り出した玉に書かれた数をbとするとき，$\sqrt{ab}$が自然数になる確率を求めよ。ただし，どの玉を取り出すことも同様に確からしいものとする。 (鹿児島県)

(6)　先生と令子さんは，「2枚の硬貨を同時に1回投げるとき，2枚とも表になる確率を求めよ。」という問題について話をしている。2人の[会話]を読んで，あとの①～③に答えよ。ただし，使用する硬貨は，表と裏のどちらかが出るものとし，どちらが出ることも同様に確からしいものとする。

(長崎県)

[会話]

> 先生：起こりうるすべての場合は何通りで，確率を求めるといくらになりますか。
>
> 令子：起こりうるすべての場合は[2枚とも表]，[1枚が表で1枚が裏]，[2枚とも裏]の3通りで，2枚とも表になる確率は$\dfrac{1}{3}$になります。
>
> 先生：本当にそうでしょうか。その3通りはどの場合が起こることも同様に確からしいとはいえないので，確率は$\dfrac{1}{3}$ではありません。もう一度考えてみましょう。

①　2枚の硬貨を同時に1回投げるとき，2枚とも表になる確率を求めよ。ただし，確率を求める過程がわかるように，2枚の硬貨を硬貨A，硬貨Bとして，起こりうるすべての場合をあげ，「同様に確からしい」という用語を用いて解答すること。

②　2枚の硬貨に1枚の硬貨を追加し，3枚の硬貨を準備した。この3枚の硬貨を同時に1回投げるとき，2枚が表で1枚が裏になる確率を求めよ。

③　2枚の硬貨に2枚の硬貨を追加し，4枚の硬貨を準備した。この4枚の硬貨を同時に1回投げるとき，1枚以上が表になる確率を求めよ。

(7)　次の図のように，1からnまでの自然数が順に1つずつ書かれたn枚のカードがある。このカードをよくきって1枚取り出すとき，取り出したカードに書かれた自然数をaとする。このとき，次の各問いに答えなさい。

(三重県)

①　$n=10$のとき，$\sqrt{a}$が自然数となる確率を求めなさい。

②　$\dfrac{12}{a}$が自然数となる確率が$\dfrac{1}{2}$になるとき，nの値を<u>すべて</u>求めなさい。

10 確率 解答解説

解 答

(1) ① 6通り ② $\dfrac{1}{3}$ (2) ① 9通り ② $\dfrac{2}{3}$ (3) $\dfrac{1}{6}$ (4) $\dfrac{7}{36}$

(5) $\dfrac{1}{4}$ (6) ① 解説参照 ② $\dfrac{3}{8}$ ③ $\dfrac{15}{16}$ (7) ① $\dfrac{3}{10}$ ② $n=10, 12$

解 説

(1) ① 右の樹形図で示すように，3人のカードのひき方は，$3×2×1＝6$（通り）ある。

② 3人とも他の人のプレゼントを受け取る受け取り方は，A－B，B－C，C－A とA－C，B－A，C－Bの2通りなので，その確率は，$\dfrac{2}{6}＝\dfrac{1}{3}$

```
        A B C
    ┌ B ─ C
A ─┤
    └ C ─ B
    ┌ A ─ C
B ─┤
    └ C ─ A
    ┌ A ─ B
C ─┤
    └ B ─ A
```

(2) ① この作業によってできる3けたの整数は，全部で$3×3×3＝27$（通り）ある。そのうち300より小さい数は，百の位が2の整数なので，$3×3＝9$（通り）できる。

② 2つの数字が同じで1つの数字が異なる数は，2と3を使って223，232，322，233，323，332 の6通りできる。2と4を使っても6通り，3と4を使っても6通りできるので，全部で$6×3＝18$（通り）できる。よって，その確率は，$\dfrac{18}{27}＝\dfrac{2}{3}$

(3) 大小2つのさいころを投げたときの目の出方の総数は，$6×6＝36$（通り） そのうち，$5a+2b$ が5の倍数となるような(a, b)の出方は，$(1, 5)$，$(2, 5)$，$(3, 5)$，$(4, 5)$，$(5, 5)$，$(6, 5)$ の6通りなので，その確率は，$\dfrac{6}{36}＝\dfrac{1}{6}$

(4) $\sqrt{a+b}$の値が整数となるとき，$a+b$が平方数でなければならない。したがって，$a+b$が平方数となるさいころの目の出方は，$(a, b)=(1, 3)$，$(2, 2)$，$(3, 1)$，$(3, 6)$，$(4, 5)$，$(5, 4)$，$(6, 3)$の7通り。大小2つのさいころの目の出方は全部で$6×6＝36$（通り）なので，求める確率は$\dfrac{7}{36}$

(5) それぞれの玉の取り出し方と，そのときの$\sqrt{ab}$の値を，$(a, b, \sqrt{ab})$の形で表すと，すべての玉の取り出し方は，$(2, 6, \sqrt{2×6}=2\sqrt{3})$，$(2, 7, \sqrt{2×7}=\sqrt{14})$，$(2, 8, \sqrt{2×8}=4)$，$(2, 9, \sqrt{2×9}=3\sqrt{2})$，$(4, 6, \sqrt{4×6}=2\sqrt{6})$，$(4, 7, \sqrt{4×7}=2\sqrt{7})$，$(4, 8, \sqrt{4×8}=4\sqrt{2})$，$(4, 9, \sqrt{4×9}=6)$，$(6, 6, \sqrt{6×6}=6)$，$(6, 7, \sqrt{6×7}=\sqrt{42})$，$(6, 8, \sqrt{6×8}=4\sqrt{3})$，$(6, 9,$

$\sqrt{6\times9}=3\sqrt{6}$）の12通り。このうち，$\sqrt{ab}$が自然数になるのは ⌣ をつけた3通りだから，求める確率は $\dfrac{3}{12}=\dfrac{1}{4}$

(6) ① （例）硬貨Aが表，硬貨Bが裏になる場合を〔表，裏〕と表すと，起こりうるすべての場合は〔表，表〕，〔表，裏〕，〔裏，表〕，〔裏，裏〕の4通りで，どの場合が起こることも同様に確からしい。このうち，2枚とも表になる場合は1通りある。したがって，求める確率は $\dfrac{1}{4}$

② 3枚の硬貨を硬貨A，硬貨B，硬貨Cとすると，起こりうるすべての場合は〔硬貨A，硬貨B，硬貨C〕＝〔表，表，表〕，〔表，表，裏〕，〔表，裏，表〕，〔表，裏，裏〕，〔裏，表，表〕，〔裏，表，裏〕，〔裏，裏，表〕，〔裏，裏，裏〕の8通りで，どの場合が起こることも同様に確からしい。このうち，2枚が表で1枚が裏になる場合は ⌣ をつけた3通りある。したがって，求める確率は $\dfrac{3}{8}$

③ 4枚の硬貨を硬貨A，硬貨B，硬貨C，硬貨Dとすると，起こりうるすべての場合は〔硬貨A，硬貨B，硬貨C，硬貨D〕＝〔表，表，表，表〕，〔表，表，表，裏〕，〔表，表，裏，表〕，〔表，表，裏，裏〕，〔表，裏，表，表〕，〔表，裏，表，裏〕，〔表，裏，裏，表〕，〔表，裏，裏，裏〕，〔裏，表，表，表〕，〔裏，表，表，裏〕，〔裏，表，裏，表〕，〔裏，表，裏，裏〕，〔裏，裏，表，表〕，〔裏，裏，表，裏〕，〔裏，裏，裏，表〕，〔裏，裏，裏，裏〕の16通りで，どの場合が起こることも同様に確からしい。このうち，1枚も表にならない，すなわち，すべて裏になる場合は ⌣ をつけた1通りある。これより，（1枚以上が表になる場合の数）＝（すべての場合の数）－（すべて裏になる場合の数）＝16－1＝15（通り） したがって，求める確率は $\dfrac{15}{16}$

(7) ① 10枚のカードから1枚のカードを取り出すとき，取り出し方は全部で10通り。このうち，$\sqrt{a}$が自然数となるのは，$\sqrt{1}=1$，$\sqrt{4}=2$，$\sqrt{9}=3$の3通り。よって，求める確率は $\dfrac{3}{10}$

② $\dfrac{12}{a}$ が自然数となる a は，$\dfrac{12}{1}=12$，$\dfrac{12}{2}=6$，$\dfrac{12}{3}=4$，$\dfrac{12}{4}=3$，$\dfrac{12}{6}=2$，$\dfrac{12}{12}=1$ より，$a=$ 1，2，3，4，6，12の6通り。n 枚のカードの中に $\dfrac{12}{a}$ が自然数となるカードがA枚含まれているとすると，$\dfrac{12}{a}$ が自然数となる確率は $\dfrac{A}{n}$ $1\leqq n\leqq4$ のとき $\dfrac{A}{n}=\dfrac{n}{n}=1$ $n=5$ のとき $\dfrac{A}{n}=\dfrac{4}{5}$ $6\leqq n\leqq11$ のとき $\dfrac{A}{n}=\dfrac{5}{n}\cdots$ ア $12\leqq n$ のとき $\dfrac{A}{n}=\dfrac{6}{n}\cdots$ イ これより，$\dfrac{12}{a}$ が自然数となる確率が $\dfrac{1}{2}$ となるのは，アより，$\dfrac{5}{n}=\dfrac{1}{2}$ $n=\underline{10}$ イより，$\dfrac{6}{n}=\dfrac{1}{2}$ $n=\underline{12}$ である。

2章 50点確保コース
データの活用・標本調査

まずは ▶▶▶ タコの巻 リカバリーコース ⑮ で解き方を確認!

(1) 5人の生徒A，B，C，D，Eに対して10問のクイズを行った。右の
表は，その5人の生徒の正解数を記録したものである。このとき，次
の問いに答えよ。 （福井県）

表

生徒	正解数（問）
A	6
B	9
C	4
D	6
E	10

① 5人の正解数の平均値および中央値を求めよ。

② このあと，生徒Fが同じ10問のクイズを解いた。表にある5人と生
徒Fをあわせた6人の正解数の中央値は，表にある5人の正解数と異
なる値であった。生徒Fの正解数として考えられる数をすべて求めよ。

(2) 右図は，ある中学校の図書委員12人それぞれが夏休みに
読んだ本の冊数を，S先生が調べてグラフにまとめたもので
ある。図書委員12人それぞれが夏休みに読んだ本の冊数の
平均値をa冊，最頻値をb冊，中央値をc冊とする。次のア～
カの式のうち，三つの値a，b，cの大小関係を正しく表して
いるものはどれですか。一つ選びなさい。

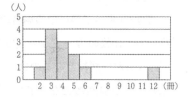

（大阪府）

ア $a<b<c$ イ $a<c<b$ ウ $b<a<c$
エ $b<c<a$ オ $c<a<b$ カ $c<b<a$

(3) 夏さんのクラスでは，ある池のコイの総数を調査しようと考え，すべてのコイをつかまえ
ずに標本調査を利用した次の方法で，コイの総数を推定した。

〔方法〕
手順1 図1のように，コイを何匹かつかまえ
て，その全部に印をつけて，池にもどす。

図1

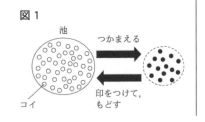

| 手順2 | 数日後，図2のように，無作為にコイを何匹かつかまえる。つかまえたコイの数と印のついたコイの数をそれぞれ数える。 |
| 手順3 | **手順1，2をもとに，池にいるコイの総数を推定する。** |

図2

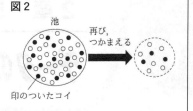

手順1でコイを50匹つかまえて，その全部に印をつけて池にもどした。手順2で30匹つかまえたところ，印のついたコイの数は9匹であった。 (長野県)

① 池にいるコイの総数を推定し，一の位の数を四捨五入した概数で求めなさい。

② 身の回りには，標本調査を利用しているものがある。標本調査でおこなうことが適切であるものを，次のア～エからすべて選び，記号を書きなさい。

ア 新聞社がおこなう国内の有権者を対象とした世論調査

イ 国内の人口などを調べるためにおこなわれる国勢調査

ウ 学校でおこなう生徒の歯科検診

エ テレビ番組の視聴率調査

(4) まなぶさんは，A組19人とB組18人のハンドボール投げの記録について，ノートにまとめている。次の図3(まなぶさんがまとめたノートの一部)は，B組全員のハンドボール投げの記録を記録が小さい方から順に並べたもの，図4は，A組全員のハンドボール投げの記録を箱ひげ図にまとめたものである。このとき，あとの各問いに答えなさい。

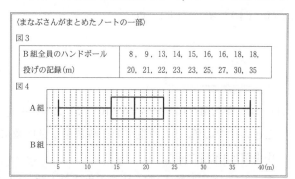

〈まなぶさんがまとめたノートの一部〉

図3

| B組全員のハンドボール投げの記録(m) | 8, 9, 13, 14, 15, 16, 16, 18, 18, 20, 21, 22, 23, 23, 25, 27, 30, 35 |

図4

① B組全員のハンドボール投げの記録の中央値を求めなさい。

② 図3をもとにして，B組全員のハンドボール投げの記録について，箱ひげ図をかき入れなさい。

③ 図3，図4から読み取れることとして，次の(ⅰ)，(ⅱ)は「正しい」，「正しくない」，「図3，図4からはわからない」のどれか，下のア～ウから最も適切なものをそれぞれ1つ選び，その記号を書きなさい。 (三重県)

(ⅰ) ハンドボール投げの記録の第1四分位数は，A組とB組では同じである。

ア 正しい　　　イ 正しくない　　　ウ 図3，図4からはわからない

(ⅱ) ハンドボール投げの記録が27m以上の人数は，A組のほうがB組より多い。

ア 正しい　　　イ 正しくない　　　ウ 図3，図4からはわからない

2章 50点確保コース
データの活用・標本調査 解答解説

解 答

(1) ① 平均値…7問　中央値…6問　② 7, 8, 9, 10　(2) エ

(3) ① およそ170匹　② ア, エ

(4) ① 19m

②
A組 B組の箱ひげ図

③ （ⅰ）イ　（ⅱ）ウ

解 説

(1) ① 平均値＝(6＋9＋4＋6＋10)÷5＝35÷5＝<u>7問</u>　中央値は資料の値を大きさの順に並べた
ときの中央の値。5人の生徒の正解数を小さい順に並べると，4, 6, 6, 9, 10(問)。よって，
中央値は3番目の<u>6問</u>。

② 生徒Fの正解数をa問とする。生徒の人数が6人のとき，偶数だから，中央値は正解数を小
さい順に並べたときの3番目と4番目の値の平均値。$a≦6$のとき，中央値は，$\frac{6+6}{2}=6$(問)
で，表にあるAとDの正解数と同じ値であるから，問題の条件に合わない。$a＝7, 8, 9, 10$
のとき，中央値は，それぞれ$\frac{6+7}{2}=6.5$(問)，$\frac{6+8}{2}=7$(問)，$\frac{6+9}{2}=7.5$(問)，$\frac{6+10}{2}=8$
(問)で，表にある5人の正解数と異なる値であるから，問題の条件に合う。以上より，生徒
Fの正解数として考えられる数は<u>7, 8, 9, 10</u>である。

(2) 平均値＝(2×1＋3×4＋4×3＋5×2＋6×1＋12×1)÷12＝54÷12＝4.5(冊)　資料の値の中
で最も頻繁に現れる値が最頻値だから，4人で最も頻繁に現れる3冊が最頻値。中央値は資料の
値を大きさの順に並べたときの中央の値。図書委員の人数は12人で偶数だから，冊数の少ない
方から6番目の4冊と，7番目の4冊の平均値$\frac{4+4}{2}=4$(冊)が中央値。以上より，$a＝4.5$，$b＝3$，
$c＝4$だから，$b＜c＜a$より，<u>エ</u>

(3) ① 池にいるコイの総数をx匹とすると，$x:50＝30:9$　これより，$9x＝1500$　$x＝166.666$

…となる。一の位を四捨五入して，コイの総数は<u>およそ170匹</u>とわかる。

② イとウは，国民全員や生徒全員を調査の対象とする全数調査をしなければ意味がないので，標本調査には不向きである。<u>ア</u>と<u>エ</u>は，標本調査に向いている。

(4) ① 中央値は資料の値を大きさの順に並べたときの中央の値。生徒の人数は18人で偶数だから，記録の小さい方から9番目の18mと10番目の20mの平均値$\frac{18+20}{2}=$<u>19(m)</u>が中央値。

② 箱ひげ図とは，右図のように，最小値，第1四分位数，中央値，第3四分位数，最大値を箱と線(ひげ)を用いて1つの図に表した

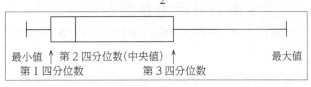

ものである。また，四分位数とは，全てのデータを小さい順に並べて4つに等しく分けたときの3つの区切りの値を表し，小さい方から第1四分位数，第2四分位数，第3四分位数という。第2四分位数は中央値のことである。B組全員のハンドボール投げの記録について，最小値は8m，第1四分位数は記録の小さい方から5番目の15m，第2四分位数(中央値)は①より19m，第3四分位数は記録の大きい方から5番目の23m，最大値は35mである。

③ (ⅰ) ハンドボール投げの記録の第1四分位数は，A組とB組の箱ひげ図より，A組が14m，B組が15mで，B組の方が大きい。正しくないので，<u>イ</u>

(ⅱ) B組のハンドボール投げの記録が27m以上の人数は，図3より3人。A組のハンドボール投げの記録が27m以上の人数は，図4より，第3四分位数が23m，最大値が38mであるから，1人以上4人以下であることはわかるが，具体的な人数はわからない。よって，ハンドボール投げの記録が27m以上の人数は，A組とB組でどちらが多いかは，図3，図4からはわからないので，<u>ウ</u>

70点確保コース

実力チェックテスト

70点を取れる実力があるか確認！

70点取れれば、半数以上の公立高校に合格できる可能性が生まれます。

次の12問を見てください。

以下の問題を解いてみましょう。
苦手な単元を把握したら、各単元の演習ページに進みましょう。

これらの問題が完璧に解ければ、70点は確実です。

① 図1−1のような幅28cmの金属板がある。これを図1−2のように左右同じ長さだけ直角に折り曲げ，切り口の面ABCDが長方形になるようにする。このとき，ABの長さを$x$cmとする。ただし，金属板の厚さは考えないものとする。　　　　　　　　　　　　　　　　　　　　（長野県）

図1−1

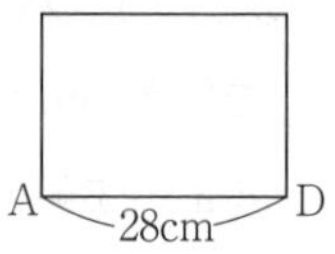

図1−2

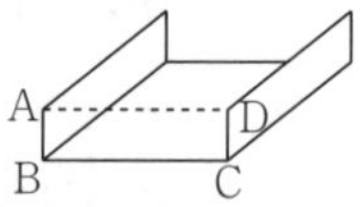

（1）　BCの長さをxを使った式で表しなさい。

（2）　長方形ABCDの面積を80cm²にしたい。

（ア）　xについての二次方程式を作りなさい。

（イ）　ABがBCよりも短くなるとき，ABの長さを求めなさい。

② 3年生107人は，公園を清掃するグループと海岸を清掃するグループとに分かれ，それぞれのグループで班分けを行った。公園を清掃するグループは，3人の班と4人の班にちょうど分かれて班を作ることができ，3人の班の数と4人の班の数は同じであった。海岸を清掃するグループは，5人の班にちょうど分かれて，班を作ることができた。また，海岸を清掃するグループの班の数は，公園を清掃する班の数より1班多くなったという。このとき，海岸の清掃を行うことになった3年生は何人ですか。方程式を作り，計算の過程を書き，答えを求めなさい。　　　　　　　　　　　　　　　　　　　　　　　　　　　　　　　　　（静岡県）

③ 関数$y=ax^2$について，次の(1)，(2)に答えなさい。
　　　　　　　　　　　　　　　　　　　　　　（山口県）

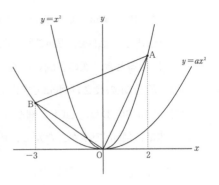

(1) 関数$y=x^2$について，xの値が1から2まで増加し
　　たときの変化の割合は3である。xの値が-3から
　　-1まで増加したときの変化の割合を求めなさい。

(2) 右の図のように，関数$y=x^2$のグラフ上にx座標
　　が2となる点Aをとる。また，$a>0$である関数$y=$
　　ax^2のグラフ上にx座標が-3となる点Bをとる。
　　△OABの面積が8となるとき，aの値を求めなさい。

④ 右図において，4点A，B，C，Dは円Oの周上にあり，BDはこの円の
　　直径である。円の半径が3cmで，∠BAC＝50°であるとき，点Aを含
　　まない弧CDの長さは何cmですか。ただし，円周率はπとする。

　　　　　　　　　　　　　　　　　　　　　　　　　　　　　　（山形県）

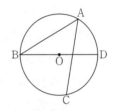

⑤ 図2−1のような長方形ABCDを，頂点Bと辺DC上の
　　点Pを結ぶ線分で折り曲げたところ，図2−2のよう
　　に，頂点Cが辺AD上の点C′と重なった。そのとき
　　の点C′と線分BPを図2−1に作図し，C′とPの記号を
　　つけなさい。ただし，作図に使った線は残しておくこと。

図2−1 　　図2−2

　　　　　　　　　　　　　　　　　　　　　　（富山県）

⑥ 右図のような長方形ABCDがある。辺CDの中点をMとし，点Dから線分AM
　　に垂線を引き，線分AMとの交点をEとする。また，線分DEの延長上に点F
　　をDE＝EFとなるようにとる。このとき，△ADM∽△DFCであることを証
　　明しなさい。　　　　　　　　　　　　　　　　　　　　　（茨城県）

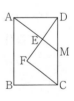

⑦ 右図のように，四角形ABCDがある。この四角形の頂点はすべて同じ
　　円の周上にあり，点Pは対角線ACと対角線BDとの交点である。∠ABD
　　＝∠BCAであるとき，次の各問いに答えなさい。　　　　（高知県）

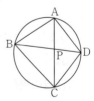

(1) △ACD∽△ADPを証明しなさい。

(2) AP＝6cm，PC＝7cmのとき，辺ADの長さを求めなさい。

⑧ 右図において，AB＝6cm，CD＝15cmで，AB∥PQ∥CDのとき，
　　線分PQの長さを求めなさい。　　　　　　　　　　　（鳥取県）

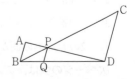

⑨ 右図は，BC＝4cm，AC＝8cm，∠ACB＝90°の直角三角形ABCである。辺AB上に点Dを，辺AC上に点Eを，AE＝6cm，BC∥DEとなるようにとるとき，次の各問いに答えなさい。　　　　　　（鹿児島県）

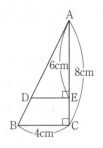

(1)　線分DEの長さは何cmですか。

(2)　台形BCEDを，辺CEを軸として1回転させるときできる立体の体積は何cm³ですか。ただし，円周率はπとします。

⑩ 右の表1のように，自然数が規則的に並んでいる。次の各問いに答えなさい。　（大分県）

(1)　上から1段目，左から6列目の数を求めなさい。

(2)　上から3段目，左から20列目の数を求めなさい。

(3)　表2に示した，斜めに3つ並んだ数の和を求めたい。例えば，上から2段目，左から2列目の数を含む斜めに3つ並んだ数の和（1＋5＋9）は15である。上から2段目，左からn列目の数を含む斜めに3つ並んだ数の和をnを使って表しなさい。ただし，nは2以上の自然数とする。

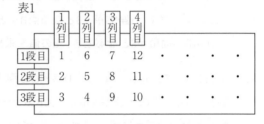

表1

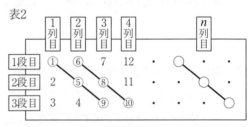

表2

⑪ 下の図のように，片方の面が白，もう片方の面が黒である円形の石が10個あり，左から順に1から10までの番号をつける。最初は全部白の面を上にして置いてあり，次の規則にしたがって操作を続けて行う。

1　2　3　4　5　6　7　8　9　10

┌─────────────────────────────────┐
│ 【規則】　n回目の操作では，nの約数となる番号の石を裏返す。 │
└─────────────────────────────────┘

つまり，この規則にしたがった1回目から3回目までの操作と操作の結果は以下のようになる。

1回目の操作は，1の約数である1の石を裏返す。操作の結果，1の石は黒の面が上になる。

2回目の操作は，2の約数である1と2の石を裏返す。操作の結果，1の石は白の面が上になり，2の石は黒の面が上になる。

3回目の操作は，3の約数である1と3の石を裏返す。操作の結果，1と3の石は黒の面が上になり，2の石は黒の面が上のままである。

次ページの表は，この規則にしたがって操作の結果を白の面が上のとき○，黒の面が上のとき●としてまとめたものである。

次の各問いに答えなさい。　　　　　　　　（青森県）

(1)　右の表のア〜オに○または●を書きなさい。

(2)　10回目までの操作の中で，次の【条件】にあてはまるnの値をすべて書きなさい。

> 【条件】　n回目の操作のとき，裏返す石が2個だけである。

石の番号＼回目	1	2	3	4	5	6	7	8	9	10
1	●	○	○	○	○	○	○	○	○	○
2	○	●	○	○	○	○	○	○	○	○
3	●	●	●	○	○	○	○	○	○	○
4	○	○	●	●	○	○	○	○	○	○
5	●	○	●	●	●	○	○	○	○	○
6	○	ア	イ	ウ	エ	オ	○	○	○	○
⋮										

(3)　99回目の操作が終わったとき，1，2，3，4の石はそれぞれどのようになるか，○または●を書きなさい。

⑫　田村さんの住む町では，毎年多くのホタルを見ることができ，6月に最も多く観測されます。そこで，田村さんは，6月のホタルの観測数を2019年から2021年までの3年間について調べました。下の図は，それぞれの年の6月の30日間について，日ごとのホタルの観測数を箱ひげ図に表したものです。この箱ひげ図から読み取れることとして正しいものを，あとのア〜エの中から全て選び，その番号を書きなさい。　　　　　　　　（広島県）

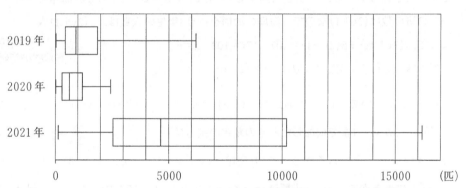

ア　2019年の6月では，観測されたホタルの数が1000匹未満であった日数が15日以上ある。

イ　6月に7000匹以上のホタルが観測された日が1日もないのは，2020年だけである。

ウ　2021年の6月では，3000匹以上10000匹以下のホタルが観測された日数が15日以上ある。

エ　4000匹以上のホタルが観測された日数は，2021年の6月は2019年の6月の2倍以上である。

実力チェックテスト 解答解説

解答・解説

① (1) BC＝28−AB×2＝<u>28−2x（cm）</u>

　(2) （ア）　AB×BC＝80なので，$x(28-2x)=80$　$-2x^2+28x-80=0$　両辺を−2でわって，

　　　　　<u>$x^2-14x+40=0$</u>

　　　（イ）　$(x-4)(x-10)=0$　AB＜BCなので，AB＝<u>4cm</u>

---

② （説明）（例）公園を清掃するグループの班の数を$2x$とすると，3人の班がx班，4人の班もx班

できることになるから，公園を清掃する3年生は，$(3x+4x)$人である。海岸を清掃するグル

ープの班の数は$(2x+1)$なので，海岸の清掃を行う3年生の人数は，$5(2x+1)$人

よって，$(3x+4x)+5(2x+1)=107$　$17x=102$　$x=6$

海岸の清掃を行う3年生の人数は，$5\times(2\times6+1)=$<u>65（人）</u>

P89
方程式の応用

---

③ (1)　$y=x^2$について，$x=-3$のとき$y=(-3)^2=9$，$x=-1$のとき$y=(-1)^2=1$　よって，xの

　　　値が−3から−1まで増加したときの変化の割合は$\dfrac{1-9}{-1-(-3)}=\dfrac{-8}{2}=$<u>$-4$</u>である。

　(2)　点Aは$y=x^2$上にあるから，そのy座標は$y=2^2=4$　よって，A$(2, 4)$　また，点Bは$y=$

ax^2上にあるから，そのy座標は$y=a\times(-3)^2=9a$　よって，B$(-3, 9a)$　2点A，Bからx

軸へそれぞれ垂線AC，BDを引く。△OAB＝台形ABDC−△AOC−△BOD＝$\dfrac{1}{2}\times$（AC＋

BD）×CD$-\dfrac{1}{2}\times$OC×AC$-\dfrac{1}{2}\times$OD×BD＝$\dfrac{1}{2}\times(4+9a)\times\{2-(-3)\}-\dfrac{1}{2}\times2\times4-\dfrac{1}{2}$

$\times3\times9a=\dfrac{5}{2}(4+9a)-4-\dfrac{27}{2}a=9a+6$　これが8に等しくなるとき，

$9a+6=8$より，<u>$a=\dfrac{2}{9}$</u>

P91
関数

---

④　半径OCを引くと，$\overset{\frown}{\text{BC}}$に対する中心角と円周角の関係から，∠BOC＝50°×2＝100°

∠COD＝180°−100°＝80°　よって，$\overset{\frown}{\text{CD}}$の長さは，$2\pi\times3\times\dfrac{80}{360}=$<u>$\dfrac{4}{3}\pi$（cm）</u>

P95
円の性質

⑤ BC′＝BCとなるので，点Bを中心に辺BCの長さを半径とする円をかき，ADとの交点をC′とする。次に，∠C′BP＝∠CBPとなることから，∠C′BCの二等分線を引き，CDとの交点をPとすればよい(右図)。

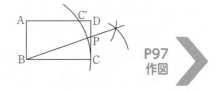

P97 作図

⑥ (証明) (例)点E，Mはそれぞれ△DFCの辺DF，DCの中点である。よって，中点連結定理によって，EM∥FC したがって，∠DFC＝∠DEM＝90° ∠DCF＝∠DME したがって，△ADMと△DFCにおいて，∠ADM＝∠DFC＝90°…(ア)，∠AMD＝∠DCF…(イ) (ア)，(イ)より，2組の角がそれぞれ等しいので，△ADM∽△DFC

⑦ (1) (証明) (例)$\overgroup{\text{AD}}$に対する円周角なので，∠ACD＝∠ABD，$\overgroup{\text{AB}}$に対する円周角なので，∠BDA＝∠BCA ∠ABD＝∠BCAなので，∠ACD＝∠BDA △ACDと△ADPにおいて，共通なので，∠CAD＝∠DAP…(ア) また，∠ACD＝∠ADP…(イ) (ア)，(イ)より，2組の角がそれぞれ等しいので，△ACD∽△ADP

(2) 相似な図形では対応する辺の比は等しいから，AC：AD＝AD：AP
よって，13：AD＝AD：6 $AD^2＝78$ AD＞0だから，AD＝$\underline{\sqrt{78}\text{cm}}$

P99 相似

⑧ AB∥CDなので，AP：DP＝AB：DC＝6：15＝2：5 よって，DP：DA＝5：(5＋2)＝5：7
PQ∥ABなので，PQ：AB＝DP：DA＝5：7 PQ：6＝5：7なので，7×PQ＝30
PQ＝$\dfrac{30}{7}$cm

⑨ (1) BC∥DEなので，DE：BC＝AE：AC＝6：8＝3：4 DE：4＝3：4 よって，DE＝$\underline{3\text{cm}}$

(2) 台形BCEDを，辺CEを軸として1回転させてできる立体は，(BCを底面の半径，ACを高さとする円錐の体積)から(DEを底面の半径，AEを高さとする円錐の体積)をひいて求めることができるから，

$$\frac{1}{3}\times\pi\times4^2\times8-\frac{1}{3}\times\pi\times3^2\times6=\frac{74}{3}\pi \ (\text{cm}^3)$$

P103 平行線と線分の比

⑩ (1) 1段目の数は，1，1＋5，(1＋5)＋1，(1＋5＋1)＋5，…と並んでいるので，6列目の数は，1＋5＋1＋5＋1＋5＝$\underline{18}$である。

(2) 1段目の数で考えてみると，20列目の数は，(1＋5)×10＝60である。20列目は列の数が偶数なので，下の段にいくほど数が小さくなる。よって，上から3段目，左から20列目の数は$\underline{58}$である。

(3) 上から2段目の数の列は，2，5，8，11，…である。これは，2，2＋3，2＋3×2，2＋3×3，…となっているので，左からn列目の数をnを用いて表すと，2＋3×$(n-1)＝3n-1$
よって，斜めに3つ並んだ数の和は，2段目の数の列の和に等しいので，$(3n-1)+1+(3n-1)+(3n-1)-1=\underline{9n-3}$

P106 規則性・数の並び

⑪ (1) 6の約数は，1，2，3，6　　よって，1，2，3，6の石が5回目のときと白黒が逆になる。

よって，アは●，イは○，ウは●，エは●，オは●となる。

(2) 裏返す石が2個だけであるということは，nが約数を2個だけ持つ数であるということである。よって，nは，2，3，5，7である。

(3) 99回目の操作が終わるまでに，1の石は99回裏返される。奇数回裏返されると黒になるので，1の石は●　　2がある数の約数になっているとき，その数は2の倍数である。1から99までの自然数の中に2の倍数がいくつあるかを求めると，99÷2＝49あまり1

よって，49回裏返されるので，2の石は●　　同様に，99÷3＝33

3の石は33回裏返されるので●　　99÷4＝24あまり3

4の石は24回裏返されるので○

P110
様々な問題

⑫ ア　2019年の6月の箱ひげ図において，第2四分位数(中央値)は1000匹未満である。観測日数が30日間のとき，第2四分位数(中央値)はホタルの観測数を少ない順に並べたときの15番目と16番目の値の平均値だから，2019年の6月では，観測されたホタルの数が1000匹未満であった日数は15日以上ある。アは正しい。　　イ　2019年の6月の箱ひげ図において，最大値は7000匹未満だから，2019年も6月に7000匹以上のホタルが観測された日が1日もない。イは正しくない。　　ウ　2021年の6月の箱ひげ図において，第1四分位数は約2600匹，第2四分位数(中央値)は約4700匹，第3四分位数は約10200匹だから，ホタルの観測数を少ない順に並べたときの8番目(第1四分位数)から23番目(第3四分位数)の観測数が2600，2600，2600，2600，2600，2600，2600，4700，4700，10200，10200，10200，10200，10200，10200，10200であったと考えると，2021年の6月では，3000匹以上10000匹以下のホタルが観測された日数は～をつけた2日間である。ウは正しいかどうかわからない。　　エ　2019年の6月の箱ひげ図において，第3四分位数は2000匹未満，最大値は6000匹より多いことから，2019年の6月の，4000匹以上のホタルが観測された日数は30－23＝7(日)以下である。また，2021年の6月の箱ひげ図において，第2四分位数(中央値)は4000匹より多いから，2021年の6月の，4000匹以上のホタルが観測された日数は30－15＝15(日)以上である。これより，4000匹以上のホタルが観測された日数は，2021年の6月は2019年の6月の$\dfrac{15}{7}＝2\dfrac{1}{7}$(倍)以上である。エは正しい。

P112
データの活用・標本調査

88　　3章　70点確保コース　解答解説

3章 70点確保コース

方程式の応用

まずは ▶▶▶ タコの巻 リカバリーコース **16** で解き方を確認！

(1) 玄太さんの学級でクイズ大会を行った。クイズは20問出題され、参加者は、出題されたすべてのクイズに解答する。クイズに正解した場合は1問につき6点が加点され、正解しなかった場合は1問につき2点が減点される。

20問のクイズのうち、x問に正解したときの最終得点は、次の式で求めることができる。

最終得点を求める式
$6x - 2(20 - x)$

このとき、20問のクイズのうち、12問に正解したときの最終得点を求めなさい。 　　　　(山梨県)

(2) ある中学校で、生徒を対象に、好きな給食の献立を調査しました。この調査では、生徒が、好きな給食の献立を1人1つだけ回答しました。右の表は、1年生と2年生のそれぞれについて、回答した人数が多かった上位3つの献立と、その献立を回答した人数の、学年全体の人数に対する割合を整理したものです。

あとの①、②の問いに答えなさい。 　　　　(宮城県)

1年生

献立	割合
カレーライス	30%
から揚げ	25%
ハンバーグ	20%

2年生

献立	割合
から揚げ	36%
カレーライス	24%
ハンバーグ	16%

① 1年生全体の人数をx人とするとき、カレーライスと回答した1年生の人数を、xを使った式で表しなさい。

② 1年生全体の人数と2年生全体の人数は、合わせて155人でした。また、カレーライスと回答した、1年生の人数と2年生の人数は、合わせて42人でした。から揚げと回答した2年生の人数は何人ですか。

(3) ある店でシャツAを2着以上まとめて買うと、1着目のシャツは定価のままですが、2着目のシャツは定価の10%引きの価格となり、3着目以降のシャツはそれぞれ定価の30%引きの価格となります。この店でシャツAをまとめて4着買ったところ、定価で4着買うより1050円安くなりました。シャツAの定価はいくらですか。シャツAの定価をx円として方程式を作り、求めなさい。 　　　　(北海道)

(4) 右図のような1辺の長さが14mの正方形の花だんがある。斜線部分の4つの合同な直角三角形の土地には赤い花を植え、残りの四角形の土地には黄色い花を植える。黄色い花を植える土地の面積が100m²のとき、直角三角形の直角をはさむ2辺のうち、短い方の辺の長さを求めなさい。 　　(岐阜県・改題)

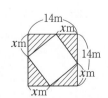

3章 70点確保コース
方程式の応用 解答解説

解 答

(1) 56点　　(2) ① $\dfrac{3}{10}x$人　　② 27人　　(3) 1500円　　(4) 6m

解 説

(1) 20問のクイズのうち，12問に正解したときの最終得点は，最終得点を求める式を整理して，$6x-2(20-x)=8x-40$　これに$x=12$を代入して，$8\times12-40=96-40=56$より，<u>56点</u>である。

(2) ① カレーライスと回答した1年生の割合は30%$\left(=\dfrac{3}{10}\right)$だから，<u>$\dfrac{3}{10}x$人</u>

② 1年生全体の人数をx人，2年生全体の人数をy人とすると，全体の人数の関係から，$x+y=155\cdots①$　カレーライスと回答した人数の関係から，$\dfrac{3}{10}x+\dfrac{24}{100}y=42\cdots②$　①，②を連立方程式として解く。②×100÷6より，$5x+4y=700\cdots③$　③－①×4より，$x=80$　これを①に代入して，$80+y=155$　$y=75$　よって，2年生全体の人数は75人。から揚げと回答した2年生の割合は36%だから，$75\times\dfrac{36}{100}=\underline{27(人)}$

(3) 定価で4着買ったときの代金は$4x$円$\cdots$（ア）　4着買うときの1着目はx円　2着目は10%引きなので，定価の90%で買うことになるから$0.9x$円　3着目と4着目は30%引きになるので，定価の70%で買うことになるから$0.7x$円　よって，$x+0.9x+0.7x\times2=3.3x$（円）$\cdots$（イ）　（イ）が（ア）より1050円安くなるから，$3.3x=4x-1050$　$-0.7x=-1050$　$7x=10500$　$x=1500$　よって，シャツAの定価は<u>1500円</u>

(4) 花だん全体の面積は，$14\times14=196$（m^2）　直角三角形の短い方の辺の長さをxmとすると長い方の辺の長さは，$(14-x)$m　よって，赤い花を植える土地の面積は，$\dfrac{1}{2}\times x(14-x)\times4=28x-2x^2$　黄色い花を植える土地の面積が100m^2だから，$28x-2x^2+100=196$　これを整理すると，$x^2-14x+48=0$　$(x-6)(x-8)=0$　$x=6,\ 8$　短い方の辺の長さは<u>6m</u>

3章　70点確保コース

関数

まずは ▶▶▶ タコの巻 リカバリーコース ⑧ で解き方を確認！

(1)　右の図で，曲線は関数$y=\dfrac{6}{x}$のグラフである。2点A，Bの座
標はそれぞれ$(-6, -1)$，$(-3, -5)$である。点Cは曲線上を
動く点であり，点Dはx軸上を動く点である。2点C，Dのx座標
はどちらも正の数である。原点をOとして，各問いに答えよ。

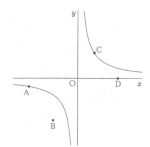

（奈良県）

①　点Cのx座標が1であるとき，点Cのy座標を求めよ。

②　2点C，DがOC＝CDを保ちながら動くとき，点Cのx座標が大きくなるにつれて，△OCDの
面積の値はどのようになるか。次のア～オのうち，正しいものを1つ選び，その記号を書け。
ア　大きくなる。　　　イ　大きくなってから小さくなる。
ウ　小さくなる。　　　エ　小さくなってから大きくなる。
オ　一定である。

③　△OABの面積と△OBDの面積が等しくなるように点Dをとるとき，点Dのx座標を求めよ。

(2)　下の図のように，関数$y=\dfrac{1}{2}x^2$のグラフと直線ℓがあり，2点A，Bで交わっている。ℓの式
は$y=x+4$であり，A，Bのx座標はそれぞれ-2，4である。
Aとx軸について対称な点をCとするとき，次の①～③の問いに答えなさい。　　（福島県）

①　点Cの座標を求めなさい。

②　2点B，Cを通る直線の式を求めなさい。

③　関数$y=\dfrac{1}{2}x^2$のグラフ上に点Pをとり，Pのx座標をtとする。ただし，$0<t<4$とする。

△PBCの面積が△ACBの面積の$\dfrac{1}{4}$となるtの値を求めなさい。

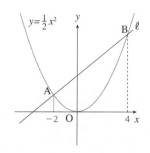

(3) 図1のように，関数$y=ax^2$のグラフ上に点Aが，関数$y=-x^2$のグラフ上に点Bがあります。2点A，Bのx座標は等しく，ともに正であるとします。①，②に答えなさい。ただし，$a>0$，点Oは原点とします。 (岡山県)

① 点Aの座標が$(2, 2)$のとき，（ア），（イ）に答えなさい。

（ア） aの値を求めなさい。

（イ） 点Bのy座標を求めなさい。

② $a=\dfrac{1}{3}$とします。図2のように，関数$y=\dfrac{1}{3}x^2$のグラフ上に，点Aとy座標が等しくx座標が異なる点Cをとります。また，関数$y=-x^2$のグラフ上に，点Bとy座標が等しくx座標が異なる点Dをとり，四角形ACDBをつくります。（ア），（イ）に答えなさい。

（ア） 点Aのx座標をtとするとき，線分ACの長さをtを使って表しなさい。

（イ） 四角形ACDBの周の長さが12となるとき，点Aの座標を求めなさい。

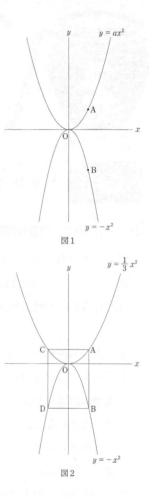

図1

図2

解 答

(1) ① 6　② オ　③ $\dfrac{27}{5}$　(2) ① C$(-2, -2)$　② $y=\dfrac{5}{3}x+\dfrac{4}{3}$

③ $t=\dfrac{5+\sqrt{31}}{3}$　(3) ① (ア) $a=\dfrac{1}{2}$　(イ) $y=-4$

② (ア) $2t$　(イ) A$\left(\dfrac{3}{2}, \dfrac{3}{4}\right)$

解 説

(1) ① 点Cは$y=\dfrac{6}{x}$上にあるから，そのy座標は$y=\dfrac{6}{1}=\underline{6}$

② 点Cのx座標をsとするとC$\left(s, \dfrac{6}{s}\right)$　点Cからx軸へ垂線CHを引くとH$(s, 0)$　OC＝CDより，△OCDは二等辺三角形であり，二等辺三角形の頂角から引いた垂線は底辺を2等分するから，OH＝HDよりD$(2s, 0)$　これより，△OCD＝$\dfrac{1}{2}×$OD$×$CH＝$\dfrac{1}{2}×2s×\dfrac{6}{s}=6$　以上より，2点C，Dが，OC＝CDを保ちながら動くとき，△OCDの面積の値は6で一定である。よって，$\underline{オ}$である。

③ 点Aを通り直線OBに平行な直線と，x軸との交点をEとすると，平行線と面積の関係より，△OAB＝△OEB　直線OBの傾きは$\dfrac{-5}{-3}=\dfrac{5}{3}$だから，直線AEの式を$y=\dfrac{5}{3}x+b$とおいて，点Aの座標の値を代入すると，$-1=\dfrac{5}{3}×(-6)+b$　$b=9$　直線AEの式は$y=\dfrac{5}{3}x+9$…（ⅰ）　点Eのx座標は，（ⅰ）に$y=0$を代入して，$0=\dfrac{5}{3}x+9$　$x=-\dfrac{27}{5}$　△OAB＝△OBDのとき，△OEB＝△OBDであり，△OEBと△OBDは底辺をそれぞれOE，ODとすると，高さが等しい。高さが等しい三角形の面積比は，底辺の長さの比に等しいから，△OEB＝△OBDのとき，OE＝ODである。よって，求める点Dのx座標は，$x=-\left(-\dfrac{27}{5}\right)=\underline{\dfrac{27}{5}}$

(2) ① 点A，Bは$y=x+4$上にあるから，そのy座標はそれぞれ$y=-2+4=2$，$y=4+4=8$　よって，A$(-2, 2)$，B$(4, 8)$　点Cは点Aとx軸について対称な点だから，そのx座標は点A

のx座標と等しく，y座標は点Aのy座標と絶対値は等しく符号が異なり，<u>C$(-2, \ -2)$</u>

② 直線BCの傾きは$\dfrac{8-(-2)}{4-(-2)}=\dfrac{5}{3}$ よって，直線BCの式を$y=\dfrac{5}{3}x+b$とおくと，点Bを通る

から，$8=\dfrac{5}{3}\times4+b$ $b=\dfrac{4}{3}$ 直線BCの式は<u>$y=\dfrac{5}{3}x+\dfrac{4}{3}$</u>

③ 線分ACとx軸との交点をDとし，点Bからx軸へ垂線BEを引くと，D$(-2, \ 0)$，E$(4, \ 0)$

平行線と面積の関係より，$\triangle ACB=\triangle ACE=\dfrac{1}{2}\times AC\times ED=\dfrac{1}{2}\times\{2-(-2)\}\times\{4-(-2)\}$

$=12$ 点Pは$y=\dfrac{1}{2}x^2$上にあるから，そのy座標は$y=\dfrac{1}{2}t^2$ よって，P$\left(t, \ \dfrac{1}{2}t^2\right)$ 点Pを通り，

y軸に平行な直線と直線BCとの交点をQとすると，そのy座標は$y=\dfrac{5}{3}t+\dfrac{4}{3}$ よって，

Q$\left(t, \ \dfrac{5}{3}t+\dfrac{4}{3}\right)$ $\triangle PBC=\triangle PBQ+\triangle PCQ=\dfrac{1}{2}\times QP\times$(点Bの$x$座標－点Pの$x$座標)$+\dfrac{1}{2}\times QP$

$\times$(点Pのx座標－点Cのx座標)$=\dfrac{1}{2}\times QP\times$(点Bの$x$座標－点Cの$x$座標)$=\dfrac{1}{2}\times\left(\dfrac{5}{3}t+\dfrac{4}{3}-\dfrac{1}{2}t^2\right)$

$\times\{4-(-2)\}=-\dfrac{3}{2}t^2+5t+4$ これが，$\triangle ACB$の面積の$\dfrac{1}{4}$，つまり，$\dfrac{1}{4}\triangle ACB=\dfrac{1}{4}\times12$

$=3$となるtの値は，$-\dfrac{3}{2}t^2+5t+4=3$ 整理して，$3t^2-10t-2=0$ 解の公式を用いて，

$t=\dfrac{-(-10)\pm\sqrt{(-10)^2-4\times3\times(-2)}}{2\times3}=\dfrac{10\pm\sqrt{100+24}}{6}=\dfrac{10\pm2\sqrt{31}}{6}=\dfrac{5\pm\sqrt{31}}{3}$

$\sqrt{25}<\sqrt{31}$より$5<\sqrt{31}$であることと，$0<t<4$より，<u>$t=\dfrac{5+\sqrt{31}}{3}$</u>

(3) ① （ア）$y=ax^2$は点A$(2, \ 2)$を通るから，$2=a\times2^2=4a$ <u>$a=\dfrac{1}{2}$</u>

（イ）2点A，Bのx座標は等しいから，点Bのx座標は2 点Bは$y=-x^2$上にあるから，そのy

座標は$y=-2^2=-4$ これより，<u>$y=-4$</u>

② （ア）放物線はy軸に関して線対称だから，放物線上にある2点A，Cのy座標が等しいと

き，点Cはy軸に関して，点Aと線対称の位置にあり，点Cのx座標は$-t$ これより，

AC$=t-(-t)=$<u>$2t$</u>

（イ）点Aは$y=\dfrac{1}{3}x^2$上にあるから，（ア）同様にx座標をtとするときそのy座標は$y=\dfrac{1}{3}t^2\cdots$

（ⅰ） また，点Bは$y=-x^2$上にあるから，そのy座標は$y=-t^2$ これより，AB$=\dfrac{1}{3}t^2-$

$(-t^2)=\dfrac{4}{3}t^2$ 四角形ACDBは長方形だから，その周の長さは$2($AC$+$AB$)=2\left(2t+\dfrac{4}{3}t^2\right)$

これが12となるとき，$2\left(2t+\dfrac{4}{3}t^2\right)=12$ 整理して，$2t^2+3t-9=0$ 解の公式より，$t=$

$\dfrac{-3\pm\sqrt{3^2-4\times2\times(-9)}}{2\times2}=\dfrac{-3\pm\sqrt{9+72}}{4}=\dfrac{-3\pm\sqrt{81}}{4}=\dfrac{-3\pm9}{4}$ ここで，$t>0$である

から，$t=\dfrac{-3+9}{4}=\dfrac{3}{2}$

これを（ⅰ）に代入して，$y=\dfrac{1}{3}\times\left(\dfrac{3}{2}\right)^2=\dfrac{3}{4}$ よって，<u>A$\left(\dfrac{3}{2}, \ \dfrac{3}{4}\right)$</u>

3章　70点確保コース

円の性質

まずは ▶▶▶ タコの巻 リカバリーコース ⑪ で解き方を確認！

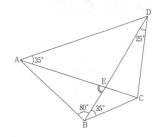

(1) 新一さんのクラスでは，数学の授業で，右の図における∠AEBの大きさの求め方について，話し合いを行った。次の①，②の問いに答えなさい。 (群馬県)

① 新一さんは図で示された角の大きさを見て，円周角の定理の逆が利用できるのではないかと考え，次のように説明した。□ に適することばを入れて，説明を完成させなさい。

― 新一さんの説明 ―
　図で示された角の大きさから考えると，∠CAD＝∠CBDとなっていることから，円周角の定理の逆によって，4点A，B，C，Dは □ といえます。このことから，∠AEBの大きさを求めることができると思います。

② 新一さんの説明をもとに，∠AEBの大きさを求めなさい。

(2) 図のように，点Oを中心とする直径10cmの円Oがある。線分ABは円Oの直径で，線分AB上にAC＝4cmとなる点Cをとり，線分BCの中点をDとする。点Dを通り，線分BCに垂直な直線と円Oとの交点をE，Fとし，直線FCと線分AEの交点をGとする。このとき，次の問いに答えなさい。 (長崎県)

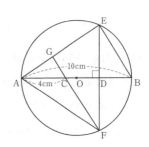

① 線分ODの長さは何cmか。

② 線分DEの長さは何cmか。

(3) 右図のように，半径の等しい2つの円A，Bがあり，直線ℓにそれぞれ点C，Dで接している。線分ABとℓとの交点をMとする。このとき，AM＝BMであることを証明しなさい。 (福島県)

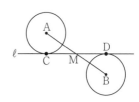

円の性質 解答解説

解 答

(1)　①　1つの円周上にある　②　75°　(2)　①　2cm　②　$\sqrt{21}$cm　(3)　解説参照

解 説

(1)　①　例えば，4点A，B，P，Qについて，P，Qが直線ABの同じ側にあって，∠APB＝∠AQB
ならば，この4点は<u>1つの円周上にある</u>。（円周角の定理の逆）

②　$\overset{\frown}{\text{BC}}$に対する円周角の大きさは等しいから，∠BAE＝∠BAC＝∠BDC＝25°　△ABEの内角
の和は180°だから，∠AEB＝180°－∠ABE－∠BAE＝180°－80°－25°＝<u>75</u>°

(2)　①　点Dは線分BCの中点だから，$\text{BD}=\dfrac{\text{BC}}{2}=\dfrac{\text{AB}-\text{AC}}{2}=\dfrac{10-4}{2}=3\,(\text{cm})$　OD＝AB－AO

$-\text{BD}=\text{AB}-\dfrac{\text{AB}}{2}-\text{BD}=10-\dfrac{10}{2}-3=\underline{2\,(\text{cm})}$

②　△DEOに三平方の定理を用いると，$\text{DE}=\sqrt{\text{OE}^2-\text{OD}^2}=\sqrt{5^2-2^2}=\underline{\sqrt{21}\,(\text{cm})}$

(3)　円A，円Bの半径AC，BDをそれぞれ引く。△ACMと△BDMにおいて，接線と接点を通る
半径は垂直なので，∠ACM＝∠BDM＝90°…①　円Aと円Bは半径が等しいから，AC＝BD…
②　∠ACD＝∠BDCなので，錯角が等しいから，AC∥BD　よって，∠CAM＝∠DBM…③
①，②，③より，1組の辺とその両端の角がそれぞれ等しいので，△ACM≡△BDM　したがっ
て，AM＝BM

3章 70点確保コース

作図

まずは ▶▶▶ タコの巻 リカバリーコース 12 で解き方を確認！

(1) 右の図1のように，2点P，Qと△ABCがある。

下に示す2つの条件をともに満たす点のうち，この点と，P，Qを頂点とする三角形の面積が最大となるような点をTとする。点Tを定規とコンパスを使って作図しなさい。ただし，<u>点を示す記号Tをかき入れ，作図に用いた線は消さずに残しておくこと。</u>　（沖縄県）

【条件】
・2点P，Qから等しい距離にある。
・△ABCの辺上にある。

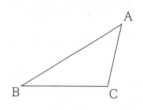

図1

(2) 図2のような，2直線 ℓ，m があり，直線 m 上に2点A，Bがある。直線 ℓ 上にあり，∠BAC＝60°となる点Cを作図によって求めなさい。　（栃木県）

図2

(3) 図3のような線分ABと直線 ℓ があります。線分ABを対角線とし，直線 ℓ 上に頂点の1つがあるひし形を作図しなさい。　（宮崎県）

図3

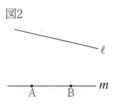

(4) 図4は頂点Dが頂点Bと重なるように折り返したときの様子を表した図である。この折り返しにより，頂点Cが移った点をC′とするとき，点C′の位置を図5に作図しなさい。

（鳥取県）

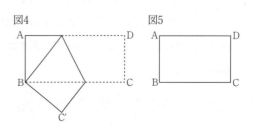

作図 解答解説

解 答

すべて，解説を参照してください。

解 説

(1) 条件「2点P，Qから等しい距離にある」より，点Tは線分PQの垂直二等分線上にある。条件「△ABCの辺上にある」と△PQTの面積が最大になるという条件より，点Tは，線分PQの垂直二等分線と辺ABとの交点である。

(2) 60°の角を作るには正三角形を利用すればよい。ABを1辺とする正三角形をかき，その辺を延長することで，直線 ℓ 上に点Cを求める。

(2)

(3) ひし形の対角線がそれぞれの中点で垂直に交わることを利用する。対角線ABの垂直二等分線と直線 ℓ との交点を点Cとすると，CA＝CB 線分ABについて点Cと対称な点を点Dとすれば，四角形ACBDはひし形となる。

(3)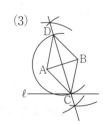

(4) 頂点Dが頂点Bに重なるように折り返したときの折り目の線をEFとすれば，点Dと点Bは線分EFについて線対称の位置にあるので，線分DBは直線EFによって垂直に2等分される。よって，まず線分DBの垂直二等分線を引き，直線EFを引く。点C′は直線EFについて点Cと線対称の位置にあるから，点Cから直線EFに垂線CGを引き，点Gを中心とする半径CGの円をかけば，直線CGとの交点が点C′となる。

(4)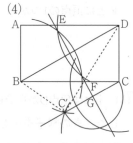

3章　70点確保コース

相似

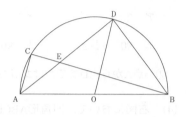

まずは ▶▶▶ タコの巻 リカバリーコース ⑰ で解き方を確認！

(1)　右の図のように，線分ABを直径とする半円があり，点Oは線分ABの中点です。弧AB上に，AとBとは異なる点Cをとります。弧BC上にAC∥ODとなるような点Dをとり，線分BCと線分ADとの交点をEとします。このとき，△AEC∽△ABDであることを証明しなさい。　　　(広島県)

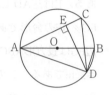

(2)　右図は，点Oを中心とする円で，線分ABは円Oの直径である。2点C，Dは円Oの周上にあって，線分CDは線分OBと交わっている。点EはDからACに引いた垂線とACとの交点である。このとき，次の各問いに答えなさい。　　　(熊本県・改題)

①　△ABD∽△DCEであることを証明しなさい。

②　AB＝9cm，BD＝3cm，CD＝6cmのとき，次の線分の長さを求めなさい。

　(ア)　線分AD　　(イ)　線分CE　　(ウ)　線分DE

(3)　図1は，底面が正方形で，側面が二等辺三角形の正四角錐OABCDです。

--- 【正四角錐OABCDの説明】 ---
・OA＝6cm
・AB＝4cm
・点Hは正方形ABCDの対角線の交点

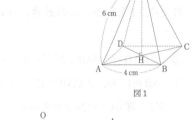

図1

図2のように，正四角錐OABCDの点Aから，辺OBと辺OCを通って点Dまで，ひもの長さが最も短くなるようにひもをかけます。また，図3は正四角錐OABCDの展開図であり，点Eは，線分ADと線分OBとの交点です。①，②に答えなさい。

　　　(岡山県)

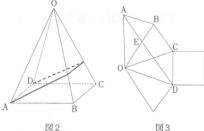

図2　　　　　図3

①　図3において，△OAB∽△AEBであることは次のように証明することができます。(あ)～(う)に当てはまるものとして最も適当なのは，ア～カのうちではどれですか。それぞれ一つ答えなさい。また，(え)には証明の続きを書き，証明を完成させなさい。

証明

△OABと△AEBにおいて，∠AOB＝∠xとすると，

△OABはOA＝OBの二等辺三角形だから，∠OAB＝ ［あ］ である。

また，△OADは∠AOD＝ ［い］ ，OA＝ODの二等辺三角形だから，

∠OAD＝ ［う］ である。

［え］

△OAB∽△AEBである。

ア　$2\angle x$　　　　　イ　$3\angle x$　　　　　ウ　$90°-\angle x$

エ　$90°-\dfrac{1}{3}\angle x$　　　オ　$90°-\dfrac{1}{2}\angle x$　　　カ　$90°-\dfrac{3}{2}\angle x$

② 点Aから点Dまでかけたひもの長さを求めなさい。

(4) 右図において，四角形ABCDは，AB＝13cm，AD＝8cmの長方形である。Eは辺AD上にあって，A，Dと異なる点である。四角形EBFGはEG∥BFの台形であって，台形EBFG≡台形EBCDであり，台形EBFGの辺FGは長方形ABCDの2辺AB，ADとそれぞれH，Iで交わっていて，AH＝3cmである。このとき，次の各問いに答えなさい。（大阪府・改題）

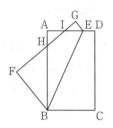

① △AHI∽△GEIを証明しなさい。

② 線分FHの長さを求めなさい。

(5) 右の図のように，線分ABを直径とする半円があり，点Oは線分ABの中点である。$\overparen{AB}$上に3点C，D，Eがあり，$\overparen{CD}=\overparen{DE}=\overparen{EB}$である。線分AEと線分BCとの交点をFとする。このとき，次の問いに答えなさい。

（富山県）

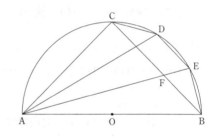

① △CAD∽△FABを証明しなさい。

② AB＝12cm，∠CAB＝45°とするとき，次の問いに答えなさい。

（ア）線分CFの長さを求めなさい。

（イ）△CADの面積を求めなさい。

相似 解答解説

解答

(1) 解説参照　(2) ① 解説参照　② (ア) $6\sqrt{2}$cm　(イ) 2cm　(ウ) $4\sqrt{2}$cm

(3) ① (あ) オ　(い) イ　(う) カ　(え) 解説参照　② $\dfrac{92}{9}$cm

(4) ① 解説参照　② 6cm　(5) ① 解説参照

② (ア) $2\sqrt{6}$cm　(イ) $(27-9\sqrt{3})$cm^2

解説

(1) （証明）（例）△AECと△ABDにおいて，半円の弧に対する円周角であるから，

∠ACE＝∠ADB＝90°…①　平行線の錯角であるから，∠CAE＝∠ADO…②　OA＝ODである

から，∠ADO＝∠DAB…③　②，③より，∠CAE＝∠DAB…④　①，④より，2組の角がそれ

ぞれ等しいので，△AEC∽△ABD

(2) ① （証明）（例）△ABDと△DCEについて，$\overset{\frown}{\text{AD}}$に対する円周角なので，∠ABD＝∠DCE

…（ⅰ）　∠ADBは半円の弧に対する円周角なので，∠ADB＝∠DEC＝90°…（ⅱ）　（ⅰ），（ⅱ）

より，2組の角がそれぞれ等しいので，△ABD∽△DCE

② （ア）　△ABDは直角三角形なので，三平方の定理を用いると，$\text{AD}^2＋\text{BD}^2＝\text{AB}^2$　$\text{AD}^2＝81$

$－9＝72$　AD＞0より，$\text{AD}＝\sqrt{72}＝\underline{6\sqrt{2}\text{ cm}}$

（イ）　△ABD∽△DCEなので，AB：DC＝BD：CE　9：6＝3：CE　CE＝<u>2cm</u>

（ウ）　△ABD∽△DCEなので，AB：DC＝AD：DE　9：6＝$6\sqrt{2}$：DE　DE＝$\dfrac{6×6\sqrt{2}}{9}$

　$＝\underline{4\sqrt{2}\text{ (cm)}}$

(3) ① （あ）　△OABはOA＝OBの二等辺三角形だから，∠OAB＝∠OBAである。これより，

∠OAB＝$(180°－∠\text{AOB})÷2＝(180°－∠x)÷2＝\underline{90°－\dfrac{1}{2}∠x}$

（い）　△OAB≡△OBC≡△OCDより，∠AOD＝3∠AOB＝<u>$3∠x$</u>

（う）　△OADはOA＝ODの二等辺三角形だから，∠OAD＝∠ODAである。これより，

　∠OAD＝$(180°－∠\text{AOD})÷2＝(180°－3∠x)÷2＝\underline{90°－\dfrac{3}{2}∠x}$

（え）　（証明の続き）（例）∠EAB＝∠OAB－∠OAD＝$\left(90°－\dfrac{1}{2}∠x\right)－\left(90°－\dfrac{3}{2}∠x\right)＝∠x$　よ

って，∠AOB＝∠EAB…（ⅰ）　また，共通な角だから，∠OBA＝∠ABE…（ⅱ）　（ⅰ），（ⅱ）より，2組の角がそれぞれ等しいので，△OAB∽△AEBである。

② 正四角錐OABCDの点Aから，辺OBと辺OCを通って点Dまで，ひもの長さが最も短くなるようにひもをかけるとき，展開図(図3)上で，ひもの長さは線分ADの長さに等しい。図3で，線分ADと線分OCとの交点をFとする。△OAB∽△AEBより，△AEBもAE＝ABの二等辺三角形だから，AE＝AB＝4cm　同様にして，FD＝CD＝4cm　また，　△OAB∽△AEBより，AB：EB＝OA：AE　$EB＝\dfrac{AB×AE}{OA}＝\dfrac{4×4}{6}＝\dfrac{8}{3}$（cm）　∠AEB＝∠ABE＝∠OBCより，錯角が等しいからAD∥BC　平行線と線分の比の定理を用いると，EF：BC＝OE：OB　$EF＝BC×OE÷OB＝BC×(OB－EB)÷OB＝4×\left(6－\dfrac{8}{3}\right)÷6＝\dfrac{20}{9}$（cm）　以上より，点Aから点Dまでかけたひもの長さ，すなわち，線分ADの長さは，$AE＋EF＋FD＝4＋\dfrac{20}{9}＋4＝\underline{\dfrac{92}{9}（cm）}$

(4) ① （証明）（例）△AHIと△GEIにおいて，∠A＝∠G＝∠D＝90°…（ⅰ）　対頂角は等しいので，∠AIH＝∠GIE…（ⅱ）　（ⅰ），（ⅱ）より，2組の角がそれぞれ等しいので，△AHI∽△GEI

② AH＝3cmなので，BH＝10cm　∠F＝∠C＝90°だから，△FBHで三平方の定理を用いると，$FH^2＋FB^2＝BH^2$　$FH^2＝100－64＝36$　$FH＝\underline{6cm}$

(5) ① （証明）（例）△CADと△FABにおいて，$\overparen{CD}＝\overparen{EB}$より，等しい弧に対する円周角は等しいから，∠CAD＝∠FAB…（ⅰ）　$\overparen{AC}$に対する円周角は等しいから，∠CDA＝∠FBA…（ⅱ）　（ⅰ），（ⅱ）より，2組の角がそれぞれ等しいので，△CAD∽△FAB

② （ア）直径に対する円周角は90°だから，∠ACB＝90°　よって，△ABCは直角二等辺三角形で，3辺の比は1：1：$\sqrt{2}$だから，$AC＝\dfrac{AB}{\sqrt{2}}＝\dfrac{12}{\sqrt{2}}＝6\sqrt{2}$（cm）　円周角の大きさは弧の長さに比例するから，$∠CAE＝∠CAB×\dfrac{\overparen{CE}}{\overparen{CB}}＝45°×\dfrac{2}{3}＝30°$　よって，△ACFは30°，60°，90°の直角三角形で，3辺の比は2：1：$\sqrt{3}$だから，$CF＝\dfrac{AC}{\sqrt{3}}＝\dfrac{6\sqrt{2}}{\sqrt{3}}＝\underline{2\sqrt{6}（cm）}$

（イ）$△FAB＝△ABC－△ACF＝\dfrac{1}{2}×AC^2－\dfrac{1}{2}×AC×CF＝\dfrac{1}{2}×(6\sqrt{2})^2－\dfrac{1}{2}×6\sqrt{2}×2\sqrt{6}$ $＝36－12\sqrt{3}$（cm²）　△CAD∽△FABで相似比はAC：AF＝$\sqrt{3}$CF：2CF＝$\sqrt{3}$：2　相似な図形では，面積比は相似比の2乗に等しいから，$△CAD：△FAB＝(\sqrt{3})^2：2^2＝3：4$　よって，$△CAD＝△FAB×\dfrac{3}{4}＝(36－12\sqrt{3})×\dfrac{3}{4}＝\underline{27－9\sqrt{3}（cm^2）}$

6

3章　70点確保コース

平行線と線分の比

まずは　▶▶▶　タコの巻 リカバリーコース で解き方を確認！

(1)　右の図Ⅰのように，AB＝5cm，AD＝10cm，∠BAD
が鈍角の平行四辺形ABCDがある。点Cから辺ADにひ
いた垂線が辺ADと交わる点をEとし，DE＝3cmである。
このとき，あとの各問いに答えなさい。　　　（鳥取県）

①　△ACEの面積を求めなさい。

②　右の図Ⅱのように，∠ADCの二等分線が辺BC，線
　分ACと交わる点をそれぞれF，Gとする。また，線
　分ACと線分BEの交点をHとする。このとき，あとの
　（ア）〜（ウ）に答えなさい。

（ア）　AH：HCを最も簡単な整数の比で答えなさい。

（イ）　△CGFの面積を求めなさい。

（ウ）　AH：HG：GCを最も簡単な整数の比で答えなさい。

(2)　AB＝5cm，BC＝12cm，∠ABC＝90°の直角三角形ABCがある。
右図のように，辺AC上にAD：DC＝1：4となる点Dをとり，点B
と点Dを結ぶ。線分BDの垂直二等分線を引き，辺AB，BCと交わ
る点を，それぞれE，Fとする。線分BDと線分EFの交点をGとし，点Cと点Gを結ぶ。このと
き，次の各問いに答えなさい。　　　　　　　　　　　　　　　　　　　　　　　　（福岡県・改題）

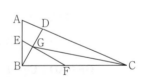

①　△GCDの面積を求めなさい。

②　線分BEの長さを求めなさい。

(3)　右の図のように，△ABCがあり，AB＝9cm，BC＝7cm
である。∠ABCの二等分線と∠ACBの二等分線との交点を
Dとする。また，点Dを通り辺BCに平行な直線と2辺AB，
ACとの交点をそれぞれE，Fとすると，BE＝3cmであった。
このとき，次の問い①〜③に答えよ。　　　　（京都府）

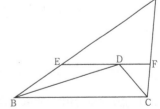

①　線分EFの長さを求めよ。

②　線分AFの長さを求めよ。

③　△CFDと△ABCの面積の比を最も簡単な整数の比で表せ。

3章　70点確保コース

平行線と線分の比 解答解説

6

解 答

(1) ① 14cm² ② （ア） 7：10 （イ） $\dfrac{10}{3}$cm² （ウ） 21：13：17

(2) ① 12cm² ② $\dfrac{68}{25}$cm （3） ① $\dfrac{14}{3}$cm ② $\dfrac{10}{3}$cm ③ 5：63

解 説

(1) ① 平行四辺形の対辺の長さは等しいので，CD＝AB＝5cm また，AD＝10cm，DE＝3cm より，AE＝10－3＝7(cm) △CDEにおいて三平方の定理より，CE²＝CD²－DE²＝5²－3²＝16 CE＞0より，CE＝4(cm) よって，△ACEの面積は，$\dfrac{1}{2}×CE×AE＝\dfrac{1}{2}×4×7＝\underline{14\,(cm^2)}$

② （ア） AD∥BCより平行線の錯角が等しいことから，△HAE∽△HCB 対応する辺の比は すべて等しいので，HA：HC＝AE：CB＝7：10 よって，AH：HC＝<u>7：10</u>

（イ） 平行線の錯角は等しいので，∠ADF＝∠CFD よって，∠ADF＝∠CDFより∠CFD＝ ∠CDFとわかり，△CDFはCD＝CF＝5cmの二等辺三角形である。ここで，（ア）と同様 にAD∥BCより△AGD∽△CGFとわかり，対応する辺の比はすべて等しいので，GD： GF＝AD：CF＝10：5＝2：1 したがって，$△CGF＝△CDF×\dfrac{GF}{DF}＝\left(\dfrac{1}{2}×5×4\right)×\dfrac{1}{3}＝$ $\dfrac{10}{3}\,(cm^2)$

（ウ） （イ）より，△AGD∽△CGFより，GA：GC＝2：1…① また，同様に△HAE∽△HCB より，HA：HC＝AE：CB＝7：10…② したがって，①，②より，GA：GC＝34：17， HA：HC＝21：30と表せるので，AH：HG：GC＝<u>21：13：17</u>とわかる。

(2) ① △ABCの面積は，$\dfrac{1}{2}×5×12＝30(cm^2)$ △ABCと△DBCは，AC，DCを底辺とみたと きの高さが等しい。よって，△ABC：△DBC＝AC：DC＝5：4 $△DBC＝\dfrac{4}{5}△ABC＝24(cm^2)$ GはBDの中点なので，$△GCD＝\dfrac{1}{2}△DBC＝\underline{12\,(cm^2)}$

② 点Eは線分BDの垂直二等分線上の点なので，線分の両端から 等しい距離にある。よって，BE＝DEなので，DEの長さを求め ればよい。点DからABに垂線DHを引くと，AH：AB＝AD：AC

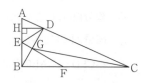

$=1:5$　$AB=5$cmなので，$AH=1$(cm)　$HB=4$(cm)　また，△ABCで三平方の定理を用いると，

$AC^2=AB^2+BC^2=25+144=169$　$AC>0$より，$AC=13$(cm)　よって，$AD=13\times\dfrac{1}{5}=\dfrac{13}{5}$(cm)

△ADHで三平方の定理を用いて，$DH^2+AH^2=AD^2$　$DH^2=\left(\dfrac{13}{5}\right)^2-1^2=\dfrac{144}{25}$　$BE=DE=x$cmと

すると，$HE=4-x$(cm)　△DHEで三平方の定理を用いると，$DH^2+HE^2=DE^2$　$\dfrac{144}{25}+(4-x)^2$

$=x^2$　$\dfrac{144}{25}+16-8x+x^2=x^2$　$8x=\dfrac{144}{25}+\dfrac{16\times25}{25}$　$x=\dfrac{18}{25}+\dfrac{50}{25}=\underline{\dfrac{68}{25}}$(cm)

(3)　①　EF∥BCより，平行線と線分の比の定理を用いると，$EF:BC=AE:AB=$

$(AB-BE):AB=(9-3):9=2:3$　$EF=BC\times\dfrac{2}{3}=7\times\dfrac{2}{3}=\underline{\dfrac{14}{3}}$(cm)

②　△BEDについて，辺BDが∠ABCの二等分線であることと，平行線の錯角は等しいことから，∠EBD＝∠CBD＝∠EDB　△BEDはDE＝BE＝3cmの二等辺三角形である。同様にして，△CFDもCF＝DF＝$EF-DE=\dfrac{14}{3}-3=\dfrac{5}{3}$(cm)の二等辺三角形である。以上より，平行線と線分の比の定理を用いると，$AF:CF=AE:BE=6:3=2:1$　$AF=2CF=2\times\dfrac{5}{3}=\underline{\dfrac{10}{3}}$(cm)

③　△ABC＝Sとする。EF∥BCより，△ABC∽△AEFであり，相似比はAB：AE＝3：2だから，面積比は相似比の2乗に等しく，△ABC：△AEF＝$3^2:2^2=9:4$　よって，△AEF＝$\triangle ABC\times\dfrac{4}{9}=\dfrac{4}{9}$S　△AEDと△ADFは点Aを共有し，高さが等しい三角形の面積比は，底辺の長さの比に等しいから，△AED：△ADF＝DE：DF＝$3:\dfrac{5}{3}=9:5$　よって，△ADF＝$\triangle AEF\times\dfrac{5}{9+5}=\dfrac{4}{9}S\times\dfrac{5}{14}=\dfrac{10}{63}$S　同様にして，△ADF：△CFD＝AF：CF＝$\dfrac{10}{3}:\dfrac{5}{3}=2:1$より，△CFD＝$\triangle ADF\times\dfrac{1}{2}=\dfrac{10}{63}S\times\dfrac{1}{2}=\dfrac{5}{63}$S　以上より，△CFD：△ABC＝$\dfrac{5}{63}S:S=\underline{5:63}$

3章　70点確保コース
規則性・数の並び

まずは ▶▶▶ タコの巻 リカバリーコース **19** で解き方を確認！

(1) 右の図の1番目，2番目，3番目，…のように1辺の長さが1cmである同じ大きさの正方形を規則的に並べて図形を作る。図の太線は図形の周を表しており，例えば，2番目の図形の周は10cmである。次の各問いに答えなさい。

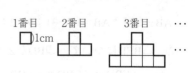

（大分県）

① 4番目の図形の周の長さを求めなさい。

② n番目の図形の周の長さをnを用いて表しなさい。

(2) 右図のように，n区画の花だんを横に並べて作りたい。各区画の花だんの四隅に支柱を立ててロープを張り，となり合う区画の花だんは，境界線上の支柱とロープを共有するものとする。このとき，必要な支柱の本数をnを使った式で表しなさい。

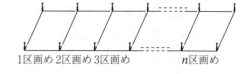

（山口県）

(3) 右の表のように自然数が規則的に並んでいる。このとき，次の各問いに答えなさい。　　　　（佐賀県）

① 表の中の第6行で第1列の数と，第2行で第6列の数を求めなさい。

② 84は第何行で第何列の数ですか。

	第1列	第2列	第3列	第4列	第5列	・・・
第1行	1	2	5	10	17	・・・
第2行	4	3	6	11	18	・・・
第3行	9	8	7	12	・	
第4行	16	15	14	13	・	
・	・	・	・	・	・	
・	・	・	・	・	・	
・	・	・	・	・	・	

(4) 次の各問いに答えなさい。　　　　（群馬県）

① 同じ長さのマッチ棒を用いて，図1のように，一定の規則にしたがって，1番目，2番目，3番目，…と，マッチ棒をつなぎ合わせて図形を作っていく。用い

たマッチ棒の数は，1番目では4本，2番目では12本，3番目では24本である。このとき，

（ⅰ） 5番目の図形を作るには何本のマッチ棒が必要ですか。

（ⅱ） n番目の図形を作るには何本のマッチ棒が必要ですか。nを使った式で表しなさい。

② 同じ長さのマッチ棒を用いて，図2のように，一定の規則にしたがって，1番目，2番目，3番目，…と，マッチ棒をつなぎ合わせて図形を作っていく。このとき，n番目の図形を作るには何本のマッチ棒が必要ですか。nを使った式で表しなさい。

図2

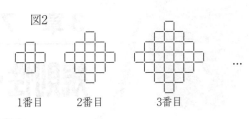

1番目　　2番目　　3番目　　…

(5) 右の図は，歩さんのクラスの座席を，出席番号で表したものであり，1から30までの自然数が，上から下へ5つずつ，左から右へ，順に並んでいる。

歩さんのクラスでは，この図をもとにして，この図の中に並んでいる数について，どのような性質があるか調べる学習をした。

歩さんは，例の1，2，7や4，5，10のように，L字型に並んでいる3つの自然数に着目すると，$1+2+7=10$，$4+5+10=19$ となることから，L字型に並んでいる3つの自然数の和は，すべて3の倍数に1を加えた数であると考え，文字式を使って下のように説明した。□に，説明のつづきを書いて，説明を完成させなさい。　　　　　（山形県）

図

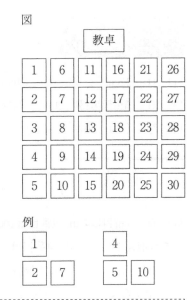

例

1			4	
2	7		5	10

<説明>
　L字型に並んだ3つの自然数のうち，もっとも小さい自然数をnとする。L字型に並んだ3つの自然数を，それぞれnを使って表すと，

したがって，L字型に並んだ3つの自然数の和は，3の倍数に1を加えた数である。

規則性・数の並び 解答解説

解　答

(1)　①　22cm　②　$(6n-2)$cm　(2)　$(2n+2)$本

(3)　①　第6行第1列　36　　第2行第6列　27　　②　第3行で第10列

(4)　①　（i）　60本　　（ii）　$2n(n+1)$本　　②　$4(n+1)^2$本　　(5)　解説参照

解　説

(1)　①　1番目は4cm，2番目は10cm，3番目は16cm，…　このように6cm
ずつ増えていくので，4番目は<u>22cm</u>である。右の図は6cmずつ増えてい
くことを確かめるために用意した図である。3番目では，2番目の図の線
分ABがなくなり，その代わりに3番目の図の線分CDが加わる。新た
に加わる周は図の両側の太線部分なので，6cmずつ増えていくことがわかる。

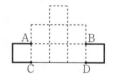

②　周の長さは，4，4+6，4+6×2，4+6×3，…となっている。6にかける数が，1番目は0，
2番目は1，3番目は2，4番目は3，…　よって，n番目は$(n-1)$をかければよいから，4+6$(n$
$-1)$＝$6n-2$　4，10，16，22，…を，6の倍数の並びと比べてみてもよい。　4＝6−2，10＝
6×2−2，16＝6×3−2，22＝6×4−2，…　よって，n番目は，<u>$6n-2$（cm）</u>

(2)　支柱の本数は，1区画では4本，2区画では6本，3区画では8本，…と，区画の数が1増えるご
とに2本ずつ増えていく。よって，4+2$(n-1)$＝<u>$2n+2$（本）</u>

(3)　①　第1列の数は，1＝1^2，4＝2^2，9＝3^2，16＝4^2，…となっている。よって，第6行の第1列
の数は，6^2＝<u>36</u>　これを，1，1+3，1+3+5，1+3+5+7，…とみて，1+3+5+7+9+11＝
36と求めてもよい。　第2列以降では，同じ列の第2行の数は第1行の数より1大きい。第6列の
第1行の数は，第5行で第1列の数より1大きいので，5^2+1＝26　それよりも1大きい数だから，
第2行で第6列の数は，<u>27</u>

②　ある自然数の平方で84に最も近い数は，9^2＝81　よって，第9行で第1列の数が81である。
82は，第1行で第10列の数である。よって，84は，<u>第3行で第10列</u>の数である。

(4)　①　（ⅰ）　1番目，2番目，3番目，…のマッチ棒の数は，4，12，24，…　これは，4，4+8，4+8+12，…となっているので，4番目，5番目はそれぞれ，4+8+12+16，4+8+12+16+20　よって，5番目のマッチ棒の数は，**60本**

（ⅱ）　$4+8+12+16+\cdots$　$=4\times(1+2+3+4+\cdots)$なので，$4(1+2+3+4+\cdots+n)$で求められる。よって，$4\times\dfrac{(n+1)\times n}{2}=\underline{2n(n+1)\text{（本）}}$　$2n^2+2n$（本）と答えてもよい。

【別解】　横に並ぶマッチ棒の数と縦に並ぶマッチ棒の数が同じことに着目して考えてみよう。横に並ぶマッチ棒の数は，$2=1\times2$，$6=2\times3$，$12=3\times4$，…となっている。よって，n番目の図形では，$n(n+1)$（本）　縦に並ぶマッチ棒の数も同様なので，マッチ棒の総数は，$\underline{2n(n+1)\text{（本）}}$

②　まずは1番目〜3番目のマッチ棒の数を数えるところからスタートする。そのときの数え方を工夫することで規則性が見つかる。この図形は，上下，左右が対称であるので，右の図の太線の部分を数えると，その4倍のマッチ棒があることがわかる。

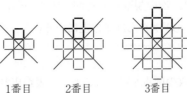

1番目　　2番目　　3番目

太線部分のマッチ棒の数は，4，4+5=9，4+5+7=16，…となっている。1番目が2^2，2番目が3^2，3番目が4^2，…なので，n番目は$(n+1)^2$　よって，n番目の図形を作るのに必要なマッチ棒は，$4(n+1)^2$本　対称性に気づかないときには，全部のマッチ棒の数を数えていくことになるが，このときも，横に並ぶものと，縦に並ぶものとに分けて数えるとよい。$16=4^2$，$36=6^2$，$64=8^2$，…　4，6，8，…は4で始まり2ずつ増えていく数の列なので，n番目の数は，$4+2(n-1)=2n+2=2(n+1)$　これを2乗すると，$\underline{4(n+1)^2\text{本}}$

(5)　（説明）　（例）n，$n+1$，$n+6$と表される。このとき，それらの和は，$n+(n+1)+(n+6)=3n+7=3(n+2)+1$　$n+2$は整数だから，$3(n+2)+1$は，3の倍数に1を加えた数である。

3章 70点確保コース
様々な問題

まずは ▶▶▶ タコの巻 リカバリーコース **⑳** で解き方を確認！

(1) 右図のような階段がある。Aさんは1枚の硬貨を投げ，硬貨の表裏の出方により，次の規則にしたがってこの階段を上がっていくことにする。ただし，はじめAさんは床の上にいる。

規則

　1枚の硬貨を投げるごとに，表が出れば階段を1段上がり，裏が出れば階段を2段上がる。

次の(例)は，Aさんがちょうど1段目，2段目，3段目，4段目に上がるまでの硬貨の表裏の出方を，それぞれ【　】内に示したものである。

(例)・ちょうど1段目までに上がる表裏の出方は，【表】の1通り。

　　・ちょうど2段目までに上がる表裏の出方は，【表→表】，【裏】の2通り。

　　・ちょうど3段目までに上がる表裏の出方は，【表→表→表】，【表→裏】，【裏→表】の3通り。

　　・ちょうど4段目までに上がる表裏の出方は，【表→表→表→表】，【表→表→裏】，【表→裏→表】，【裏→表→表】，【裏→裏】の5通り。

このとき，次の各問いに答えなさい。　　　　　　　　　　　　　　(京都府)

① Aさんがちょうど5段目に上がるまでの硬貨の表裏の出方は何通りあるかを求めなさい。

② 下の表は，上で示した(例)を参考にして，硬貨の表裏の出方がそれぞれ何通りあるかについてまとめたものの一部である。

ちょうど上がる場所	1段目	2段目	3段目	4段目	5段目	………
硬貨の表裏の出方	1通り	2通り	3通り	5通り		………

この表から考えて，Aさんがちょうど8段目に上がるまでの硬貨の表裏の出方は何通りあるかを求めなさい。

(2) Aさんは，3日練習したら1日休みがある卓球部に所属している。1週目の月曜日から練習を始めると，練習日は右の表のようになる。ただし，○は練習日，／は休みの日を表している。次の各問いに答えなさい。　　　(沖縄県)

	月	火	水	木	金	土	日
1週目	○	○	○	／	○	○	○
2週目	／	○	○	○	／	○	○
3週目	○	／	○	○	○	／	○
4週目	○	○	／	○	○	○	／
⋮							

問1 練習開始日から数えて10回目の休みの日は何曜日になるか答えなさい。

問2 練習開始日から数えて10週目の木曜日は何回目の練習日になるか答えなさい。

問3 練習開始日から数えて200回目の練習日となるのは何週目の何曜日であるかを答えなさい。

8

3章　70点確保コース
様々な問題 解答解説

解答

(1)　①　8通り　　②　34通り　　(2)　問1　金曜日　　問2　51回目　　問3　38週目の日曜日

解説

(1)　①　順に数えて求めることもできるが，次のように考えるとよい。

最初に表が出たとすると，1段上がることになるから，残りは4段。4段上がる上がり方は5通りある。…（ア）　　最初に裏が出たとすると2段上がることになるから，残りは3段。3段上がる上がり方は3通りある。…（イ）　　よって，5段上がる上がり方は，（3段目までの上がり方の数）＋（4段目までの上がり方の数）＝3＋5＝<u>8（通り）</u>

②　8段目までとなると，すべてを書き出して求めるのは大変である。①と同じように考えるとよい。6段目までは，（4段目までの上がり方の数）＋（5段目までの上がり方の数）＝5＋8＝13　　7段目までは，（5段目までの上がり方の数）＋（6段目までの上がり方の数）＝8＋13＝21　8段目までは，（6段目までの上がり方の数）＋（7段目までの上がり方の数）＝13＋21＝<u>34（通り）</u>

(2)　問1　休みの日は，練習開始日から数えて，4日目，8日目，12日目，…なので，10回目の休みの日は，練習開始日から数えて40日目である。40÷7＝5あまり5　　よって，月・火・水・木・金と数えて，<u>金曜日</u>である。

問2　練習開始日から数えて10週目の木曜日は，7×9＋4＝67なので，練習開始日から67日目である。3日練習して1日休むのだから，その4日間をひとまとめにして考えると，67÷4＝16あまり3　　よって，3日の練習が16回と3日なので，3×16＋3＝51　<u>51回目</u>の練習日となる。

問3　練習日は3回続くから，それが200回になるには，200÷3＝66あまり2　　3回続きのものが66回と2回必要である。よって，休みの日も入れると，4×66＋2＝266　　266日目である。266日目は，266÷7＝38なので，ちょうど38週目が終わるときである。よって，<u>38週目の日曜日</u>

3章　70点確保コース
データの活用・標本調査

9

まずは ▶▶▶ タコの巻 リカバリーコース 15 で解き方を確認！

(1)　和夫さんと紀子さんの通う中学校の3年生の生徒数は，A組35人，B組35人，C組34人である。図書委員の和夫さんと紀子さんは，3年生のすべての生徒について，図書室で1学期に借りた本の冊数の記録を取り，その記録をヒストグラムや箱ひげ図に表すことにした。

次の図は，3年生の生徒が1学期に借りた本の冊数の記録を，クラスごとに箱ひげ図に表したものである。下の①～③に答えなさい。　　　　　　　　　　　　　　　　　　　　　（和歌山県）

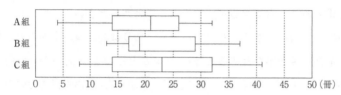

①　和夫さんは図から読み取れることとして，次のように考えた。

和夫さんの考え

（Ⅰ）　四分位範囲が最も大きいのはA組である。
（Ⅱ）　借りた本の冊数が20冊以下である人数が最も多いのはB組である。
（Ⅲ）　どの組にも、借りた本の冊数が30冊以上35冊以下の生徒が必ずいる。

図から読み取れることとして，和夫さんの考え（Ⅰ）～（Ⅲ）はそれぞれ正しいといえますか。次のア～ウの中から最も適切なものを1つずつ選び，その記号をかきなさい。

ア　正しい

イ　正しくない

ウ　このデータからはわからない

②　C組の記録をヒストグラムに表したものとして最も適切なものを，次のア～エの中から1つ選び，その記号をかきなさい。

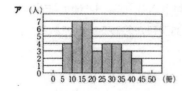　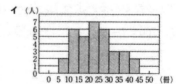

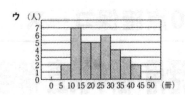 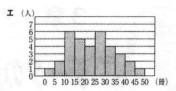

③ 和夫さんと紀子さんは、「この中学校の生徒は、どんな本が好きか」ということを調べるために、アンケート調査をすることにした。次の文は、調査についての2人の会話の一部である。

> 紀子：1年生から3年生までの全校生徒300人にアンケート調査をするのは人数が多くてたいへんだから、標本調査をしましょう。
> 和夫：3年生の生徒だけにアンケート調査をして、その結果をまとめよう。
> 紀子：その標本の取り出し方は適切ではないよ。

下線部について、紀子さんが適切ではないといった理由を、簡潔にかきなさい。

(2) ある国語辞典があります。右の図は、この国語辞典において、見出し語が掲載されているページの一部です。Aさんは、この国語辞典に掲載されている見出し語の総数を、下の【手順】で標本調査をして調べました。

見出し語

【手順】

> [1] 見出し語が掲載されている総ページ数を調べる。
> [2] コンピュータの表計算ソフトを用いて無作為に10ページを選び、選んだページに掲載されている見出し語の数を調べる。
> [3] [2]で調べた各ページに掲載されている見出し語の数の平均値を求める。
> [4] [1]と[3]から、この国語辞典に掲載されている見出し語の総数を推測する。

Aさんが、上の【手順】において、[1]で調べた結果は、1452ページでした。また、[2]で調べた結果は、下の表のようになりました。

選んだページ	763	176	417	727	896	90	691	573	1321	647
見出し語の数	57	43	58	54	55	58	53	55	67	60

Aさんは、[3]で求めた見出し語の数の平均値を、この国語辞典の1ページあたりに掲載されている見出し語の数と考え、この国語辞典の見出し語の総数を、およそ□□□語と推測しました。

□□に当てはまる数として適切なものを、下のア～エの中から選び、その番号で書きなさい。

(広島県)

ア　65000　　イ　73000　　ウ　81000　　エ　89000

解答

(1) ① （Ⅰ）イ　（Ⅱ）ア　（Ⅲ）ウ　② ウ

③ 標本を無作為に抽出したことにならないため。　（2） ウ

解説

(1) ① （Ⅰ） 箱ひげ図とは，右
図のように，最小値，第1四分位
数，第2四分位数(中央値)，第3四
分位数，最大値を箱と線(ひげ)

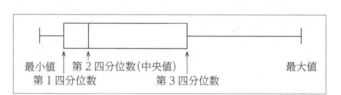

を用いて1つの図に表したものである。そして，この箱の横の長さを四分位範囲といい，第3四
分位数から第1四分位数をひいた値で求められる。A組の四分位範囲は15冊未満であるのに対
して，C組の四分位範囲は15冊を超えている。四分位範囲はA組よりC組の方が大きい。（Ⅰ）
は正しくない(イ)。 （Ⅱ） A組とC組の中央値は20冊より大きいことから，A組とC組で借り
た本の冊数が20冊以下である人数はそれぞれ17人以下である。これに対して，B組の中央値は
20冊より小さいことから，B組で借りた本の冊数が20冊以下である人数は18人以上である。（Ⅱ）
は正しい(ア)。 （Ⅲ） 借りた本の冊数に関して，A組の最大値とC組の第3四分位数は30冊以
上35冊以下の範囲にあることから，A組とC組には借りた本の冊数が30冊以上35冊以下の生徒
がそれぞれ少なくとも1人はいることがわかる。しかし，B組は，第3四分位数も最大値も30冊
以上35冊以下の範囲にはなく，箱ひげ図からは第3四分位数から最大値の間にいる生徒の具体
的な冊数はわからないから，B組には借りた本の冊数が30冊以上35冊以下の生徒が必ずいると
は判断できない。（Ⅲ）はこの資料からはわからない(ウ)。

② C組の箱ひげ図から，最小値は5冊以上10冊未満，第1四分位数(冊数の少ない方から9番目
の生徒)は10冊以上15冊未満，第2四分位数(中央値)(冊数の少ない方から17番目と18番目の
生徒の値の平均値)は20冊以上25冊未満，第3四分位数(冊数の少ない方から26番目の生徒)は
30冊以上35冊未満，最大値は40冊以上45冊未満であることが読み取れる。これに対して，ア

のヒストグラムは第2四分位数(中央値)が15冊以上20冊未満で適切ではない。イのヒストグラムは第1四分位数が15冊以上20冊未満で適切ではない。エのヒストグラムは最大値が45冊以上50冊未満で適切ではない。以上より，ウのヒストグラムが最も適切である。

③　標本調査の目的は，抽出した標本から母集団の状況を推定することである。そのため，標本を抽出するときには，母集団の状況をよく表すような方法で，かたよりなく標本を抽出する必要がある。

(2)　Aさんが，〔3〕で求めた見出し語の数の平均値は$(57＋43＋58＋54＋55＋58＋53＋55＋67＋60)$語÷10ページ＝560÷10＝56(語)　よって，この国語辞典の見出し語の総数は56語×1452ページ＝81312(語)より，およそ81000語と推測できる。よって，ウ

3章
70点確保コース

公立高校入試 対策問題　第1回

- ● 小問数は20です。
- ● 自分の目標点数を超えるように、問題を選びながら仕上げていきましょう。
- ● 制限時間は50分としますが、できるだけ40分以内に終わるように素早く
  仕上げていきましょう。

1　次の各問いに答えなさい。　　　　　　　　　　　　　　　　　[各4点×9]

(1)　$6+3\times(-5)$ を計算せよ。

(2)　$3(a-4b)-(2a+5b)$ を計算せよ。

(3)　$(\sqrt{18}+\sqrt{14})\div\sqrt{2}$ を計算せよ。

(4)　二次方程式 $(x-2)(x+2)=x+8$ を解け。

(5)　y は x に反比例し，$x=2$ のとき $y=9$ である。
　　$x=-3$ のときの y の値を求めよ。

(6)　箱の中に $\boxed{1}$，$\boxed{2}$，$\boxed{3}$，$\boxed{4}$，$\boxed{5}$ の5枚のカードが入っている。この箱から，同時に2枚のカードを取り出すとき，取り出したカードに $\boxed{3}$ のカードがふくまれる確率を求めよ。
　　ただし，どのカードを取り出すことも同様に確からしいとする。

(7)　関数 $y=\dfrac{1}{4}x^2$ のグラフをかけ。

(8)　右の表は，M中学校の1年生男子のハンドボール投げの記録を度数分布表に整理したものである。
　　この表をもとに，記録が20m未満の累積相対度数を四捨五入して小数第2位まで求めよ。

階級(m)		度数(人)
以上　　未満		
5　～　10		6
10　～　15		9
15　～　20		17
20　～　25		23
25　～　30		5
計		60

(9)　ねじがたくさん入っている箱から，30個のねじを取り出し，その全部に印をつけて箱に戻す。
　　その後，この箱から50個のねじを無作為に抽出したところ，印のついたねじは6個であった。
　　この箱に入っているねじの個数は，およそ何個と推定できるか答えよ。

2　次の図1のように，袋の中に白玉3個と赤玉3個が入っている。それぞれの色の玉には1，2，3の数字が1つずつ書かれている。また，図2のように数直線上を動く点Pがあり，最初，点Pは原点(0が対応する点)にある。

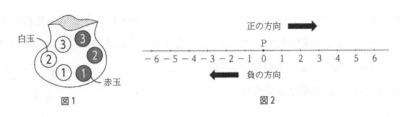

白玉

赤玉

図1

正の方向 ➡

P
$-6 -5 -4 -3 -2 -1\ 0\ 1\ 2\ 3\ 4\ 5\ 6$

⬅ 負の方向

図2

袋の中の玉をよくかきまぜて1個を取り出し，下の[規則]にしたがって点Pを操作したあと，玉を袋に戻す。さらに，もう一度袋の中の玉をよくかきまぜて1個を取り出し，下の[規則]にしたがって点Pを1回目に動かした位置から操作し，その位置を最後の位置とする。

[規則]
・白玉を取り出した場合，正の方向へ玉に書かれている数字と同じ数だけ動かす。
・赤玉を取り出した場合，負の方向へ玉に書かれている数字と同じ数だけ動かす。
・2回目に取り出した玉の色と数字がどちらも1回目と同じ場合，1回目に動かした位置から動かさない。

このとき，あとの各問いに答えなさい。 [各6点×3]

ただし，どの玉を取り出すことも同様に確からしいとする。

(1) 点Pの最後の位置が原点である玉の取り出し方は何通りあるか求めなさい。

(2) 点Pの最後の位置が2に対応する点である確率を求めなさい。

(3) 点Pの最後の位置が−4以上の数に対応する点である確率を求めなさい。

3 右の図のように，三角柱ABC−DEFがあり，AB＝8cm，BC＝4cm，AC＝AD，∠ABC＝90°である。

このとき，次の各問いに答えよ。 [各5点×2]

(1) 次の文は，点Bと平面ADFCとの距離について述べたものである。文中の☐にあてはまるものを，下の(ア)～(オ)から1つ選べ。

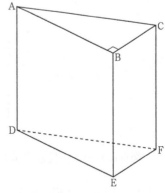

☐をGとするとき，線分BGの長さが，点Bと平面ADFCとの距離である。

（ア） 辺ACの中点

（イ） 辺CFの中点

（ウ） 線分AFと線分CDとの交点

（エ） ∠CBEの二等分線と辺CFとの交点

（オ） 点Bから辺ACにひいた垂線と辺ACとの交点

(2) 2点H，Iをそれぞれ辺AC，DF上にCH＝DI＝$\frac{9}{2}$cmとなるようにとるとき，四角錐BCHDIの体積を求めよ。

④ 下の図のように関数$y＝ax^2(a＞0)$のグラフ上に2点A，Bがあり，点Aのx座標は-4，点Bのx座標は2である。また，直線ABとy軸との交点をCとする。次の各問いに答えなさい。**[各6点×4]**

(1) 点Aのy座標が6のとき，点Oを回転の中心として，点Aを点対称移動した点の座標を求めなさい。

(2) $a＝\dfrac{1}{2}$のとき，線分ABの長さを求めなさい。

(3) $a＝1$のとき，①，②に答えなさい。

① △OABの面積を求めなさい。

② 線分ACの中点をPとし，点Qを関数$y＝ax^2$のグラフ上にとる。△OABと△OPQの面積が等しくなるときの点Qのx座標を求めなさい。ただし，点Qのx座標は正とする。

⑤ 右の図Ⅰのような1辺の長さが5cmである正方形の紙を，1cm重ねて貼り合わせていく。このとき，あとの各問いに答えなさい。
ただし，あとの図Ⅱ，図Ⅲの色のついた部分（の部分）は，1cm重ねて貼り合わせた部分である。 **[各6点×2]**

(1) 図Ⅰの正方形の紙6枚を，図Ⅱのように縦に2枚，横に3枚貼り合わせてできる長方形Qがある。

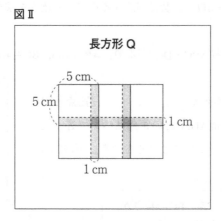

図Ⅲにおいて，長方形Qの面積を求めなさい。

(2) 図Ⅰの正方形の紙を，右の図Ⅲのように縦に3枚，横にa枚貼り合わせてできる長方形の面積が377cm²になった。このとき，aの値を求めなさい。
ただし，aは自然数とする。

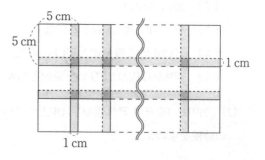

公立高校入試 対策問題 第2回

- 小問数は18です。
- 自分の目標点数を超えるように、問題を選びながら仕上げていきましょう。
- 制限時間は50分としますが、できるだけ40分以内に終わるように素早く仕上げていきましょう。

1 次の計算をしなさい。 [各4点×5]

(1) $18-(-4)^2\div 8$

(2) $2(5a-b)-3(a+6b)$

(3) $14ab\div 7a^2\times ab$

(4) $(x+1)(x-1)-(x+3)(x-8)$

(5) $(\sqrt{6}-\sqrt{2})^2+\sqrt{27}$

2 次の各問いに答えなさい。 [各5点×5]

(1) yはxの2乗に比例し，$x=2$のとき$y=-8$である。yをxの式で表せ。

(2) 右の表は，ある学級の生徒40人の通学時間を度数分布表に整理したものである。中央値（メジアン）がふくまれる階級の相対度数を求めよ。

階級(分)	度数(人)
以上　　未満	
5 ～ 10	2
10 ～ 15	5
15 ～ 20	10
20 ～ 25	6
25 ～ 30	8
30 ～ 35	6
35 ～ 40	2
40 ～ 45	1
計	40

(3) 図1のように，底面の直径と高さが等しい円柱の中に，直径が円柱の高さと等しい球が入っている。このとき，球の体積は円柱の体積の何倍か。

図1

(4) 図2のような正方形ABCDがあり，点Pが頂点Aの位置にある。2つのさいころを同時に1回投げて，出た目の数の和と同じ数だけ，点Pは頂点B，C，D，A，B，…の順に各頂点を反時計回りに1つずつ移動する。例えば，2つのさいころの出た目の数の和が5のとき，点Pは頂点Bの位置に移動する。

2つのさいころを同時に1回投げたとき，点Pが頂点Dの位置に移動する確率を求めよ。

図2

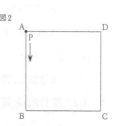

(5)　図3のように線分ABと点Cがある。線分AB上にあり，

∠APC＝45°となる点Pを，定規とコンパスを使って作図せ

よ。なお，作図に使った線は消さずに残しておくこと。

図3

C

A————————————————B

③　みのりさんは，ある店で20枚のDVDを借りることにした。借りるDVDのうち1枚が新作の
DVDで，残りは準新作と旧作のDVDである。

これら20枚のDVDを次のページの【料金表】の料金で借りるとき，料金の合計がちょうど2200
円になるようにしたい。

準新作のDVDを借りる枚数をx枚，旧作のDVDを借りる枚数をy枚として，あとの各問いに答
えなさい。　　　　　　　　　　　　　　　　　　　　　　　　　　　　　　[各6点×4]

【料金表】

	1枚あたりの料金	
新　作		350円
準新作	準新作のDVDを借りる枚数 が4枚以下のとき	170円
	準新作のDVDを借りる枚数 が5枚以上のとき ※1枚目から110円です。	110円
旧　作		90円

（ア）　DVDを借りる枚数について，　①　にあてはまる式をx, yを用いて表しなさい。

①＝20

（イ）　料金の合計について，　②　にあてはまる式をx, yを用いて表しなさい。

準新作のDVDを借りる枚数が4枚以下のとき，　②　＝2200

（ウ）　料金の合計について，　③　にあてはまる式をx, yを用いて表しなさい。

準新作のDVDを借りる枚数が5枚以上のとき，　③　＝2200

（エ）　準新作のDVDを借りる枚数を求めなさい。

④　右の図のような，線分ABを直径とする半円Oがあ
る。$\overset{\frown}{AB}$上に点Cをとり，直線AC上に点Dを，∠ABD＝
90°となるようにとる。このとき，次の各問いに答えな
さい。（円周率はπを用いること）　　　　[各8点×3]

(1)　△ABC∽△BDCであることを証明せよ。

(2)　AC＝3cm，CD＝1cmであるとき，

①　線分BCの長さを求めよ。

②　線分BDと線分CDと$\overset{\frown}{BC}$とで囲まれた部分の面積を求めよ。

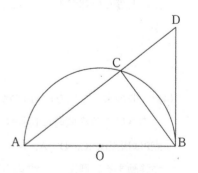

5 ある高校において，2年1組の男子25人と女子15人，2年2組の男子15人と女子25人の握力を測
   定した。下の表1は1組の男子25人の，表2は2組の男子15人の，測定結果を度数分布表に表した
   ものである。

表1

握力(kg)	度数(人)
以上　未満	
25〜　30	0
30〜　35	4
35〜　40	11
40〜　45	9
45〜　50	1
50〜　55	0
計	25

表2

握力(kg)	度数(人)
以上　未満	
25〜　30	1
30〜　35	3
35〜　40	3
40〜　45	5
45〜　50	2
50〜　55	1
計	15

表1と表2の度数分布表について，次のア〜エから正しいものをすべて選び，記号で答えなさ
い。   [7点]

ア　表1において，最頻値は11人である。

イ　表2において，45kg未満の累積度数は12人である。

ウ　表1における範囲は，表2における範囲より大きい。

エ　表1における30kg以上35kg未満の階級の相対度数は，表2における30kg以上35kg未満の階級
　の相対度数より小さい。

公立高校入試 対策問題 第1回
解答・解説

解 答

① (1) -9　(2) $a-17b$　(3) $3+\sqrt{7}$　(4) $x=-3, 4$　(5) $y=-6$　(6) $\dfrac{2}{5}$

(7) 解説参照　(8) 0.53　(9) およそ250個

② (1) 6通り　(2) $\dfrac{1}{12}$　(3) $\dfrac{17}{18}$

③ (1) （オ）　(2) 48cm^3

④ (1) $(4, -6)$　(2) $6\sqrt{2}$　(3) ① 24　② $-3+\sqrt{33}$

⑤ (1) 117cm^2　(2) $a=7$

解 説

① (1) 四則をふくむ式の計算の順序は，乗法・除法→加法・減法となる。

$6+3\times(-5)=6+(-15)=(+6)+(-15)=-(15-6)=\underline{-9}$

(2) 分配法則を使って，$3(a-4b)=3\times a+3\times(-4b)=3a-12b$だから，$3(a-4b)-(2a+5b)$
$=(3a-12b)-(2a+5b)=3a-12b-2a-5b=3a-2a-12b-5b=\underline{a-17b}$

(3) $(\sqrt{18}+\sqrt{14})\div\sqrt{2}=\sqrt{18}\div\sqrt{2}+\sqrt{14}\div\sqrt{2}=\dfrac{\sqrt{18}}{\sqrt{2}}+\dfrac{\sqrt{14}}{\sqrt{2}}=\sqrt{\dfrac{18}{2}}+\sqrt{\dfrac{14}{2}}=\sqrt{9}+\sqrt{7}$
$=\underline{3+\sqrt{7}}$

(4) 二次方程式$(x-2)(x+2)=x+8$　乗法公式$(a+b)(a-b)=a^2-b^2$を用いて，左辺を展開すると，$x^2-4=x+8$　整理して，$x^2-x-12=0$　たして-1，かけて-12になる2つの数は，$(+3)+(-4)=-1$，$(+3)\times(-4)=-12$より，$+3$と-4だから$x^2-x-12=0$　$\{x+(+3)\}\{x+(-4)\}=0$　$(x+3)(x-4)=0$　$\underline{x=-3}$, $\underline{x=4}$

(5) yはxに反比例するから，xとyの関係は$y=\dfrac{a}{x}$と表せる。$x=2$のとき$y=9$だから，$9=\dfrac{a}{2}$
$a=9\times2=18$　xとyの関係は$y=\dfrac{18}{x}$と表せる。よって，$x=-3$のときのyの値は$y=\dfrac{18}{-3}=\underline{-6}$

(6) すべてのカードの取り出し方は，$(\boxed{1}, \boxed{2})$，$(\boxed{1}, \boxed{3})$，$(\boxed{1}, \boxed{4})$，$(\boxed{1}, \boxed{5})$，$(\boxed{2}, \boxed{3})$，$(\boxed{2}, \boxed{4})$，$(\boxed{2}, \boxed{5})$，$(\boxed{3}, \boxed{4})$，$(\boxed{3}, \boxed{5})$，$(\boxed{4}, \boxed{5})$の10通り。このうち，取り出したカードに$\boxed{3}$のカードがふくまれるのは～をつけた4通りだから，求める確率は$\dfrac{4}{10}=\dfrac{2}{5}$

(7) 関数$y=\dfrac{1}{4}x^2$のグラフは，点$(-4, 4)$，$(-2, 1)$，$(0, 0)$，$(2, 1)$，$(4, 4)$

を通る，y軸に関して線対称である放物線と呼ばれるなめらかな曲線と

なる。

(8) 累積相対度数は一番小さい階級から，ある階級までの相対度数の合計である。記録が

20m未満の累積度数は$6+9+17=32$だから，記録が20m未満の累積相対度数は$\dfrac{32}{60}=0.533$

… 小数第3位を四捨五入して<u>0.53</u>である。

(9) 標本における無作為に抽出したねじと，その中の印のついたねじの比率は$50：6=25：$

3　よって，母集団における箱に入っているねじと，その中の印のついたねじの比率も

$25：3$と推定できる。箱に入っているねじの総数をx個とすると，$x：30=25：3$

$x=\dfrac{30\times25}{3}=250$　よって，箱に入っているねじの総数は<u>およそ250個</u>と推定できる。

2 (1) （1回目，2回目）＝（白1，赤1），（白2，赤2），（白3，赤3），（赤1，白1），（赤2，白2），

（赤3，白3）の<u>6通り</u>。

(2) （1回目，2回目）＝（白2，白2），（白3，赤1），（赤1，白3）の3通り。玉の取り出し方の総

数は，$6\times6=36$（通り）だから，求める確率は，$\dfrac{3}{36}=\dfrac{1}{12}$

(3) 最後の位置が-4未満になる場合は，（1回目，2回目）＝（赤2，赤3），（赤3，赤2）の2通り。

よって，求める確率は，$1-\dfrac{2}{36}=1-\dfrac{1}{18}=\dfrac{17}{18}$

3 (1) 一般に，平面Pと交わる直線ℓが，その交点を通るP上の2つの直線m，nに垂直になっ

ていれば，直線ℓは平面Pに垂直である。本問の三角柱ABC−DEFでは，平面ADFC⊥平

面ABC…①である。点Bから辺ACに引いた垂線と辺ACとの交点をGとし，点Jを辺DF上

にGJ⊥ACとなるようにとるとき，①よりBG⊥GJ…②　また，BG⊥AG…③であるから，

②，③より，平面ADFCと交わる線分BGは，その交点Gを通る平面ADFC上の2つの直線

GJ，AGに垂直になっているから，線分BG⊥平面ADFCである。つまり，線分BGの長さ

が，点Bと平面ADFCとの距離である。よって，<u>（オ）</u>である。

(2) △ABCに三平方の定理を用いると，$AC=\sqrt{AB^2+BC^2}=\sqrt{8^2+4^2}=4\sqrt{5}$ (cm)　△ABCの底

辺と高さの位置をかえて面積を考えると，$\dfrac{1}{2}\times AC\times BG=\dfrac{1}{2}\times AB\times BC$　$BG=\dfrac{AB\times BC}{AC}$

$=\dfrac{8\times4}{4\sqrt{5}}=\dfrac{8}{\sqrt{5}}$ (cm)　四角形CHDIは，CH∥DI，$CH=DI=\dfrac{9}{2}$cmであることより，1組の

向かいあう辺が等しくて平行だから平行四辺形である。以上より，（四角錐BCHDI）$=\dfrac{1}{3}\times$

（平行四辺形CHDI）$\times BG=\dfrac{1}{3}\times(CH\times AD)\times BG=\dfrac{1}{3}\times(CH\times AC)\times BG=\dfrac{1}{3}\times\left(\dfrac{9}{2}\times4\sqrt{5}\right)$

$\times\dfrac{8}{\sqrt{5}}=\underline{48}$ (cm³)

④ (1) 点または図形を180°だけ回転移動させることを，点対称移動という。点を，点Oを回転の中心として点対称移動すると，移動後の点の座標は，移動前の点のx座標，y座標の符号をそれぞれ変えたものだから，点Oを回転の中心として，点A$(-4,\ 6)$を点対称移動した点の座標は <u>$(4,\ -6)$</u>

(2) $a=\dfrac{1}{2}$のとき，点A，Bは$y=\dfrac{1}{2}x^2$上にあるから，そのy座標はそれぞれ$y=\dfrac{1}{2}\times(-4)^2=8$，$y=\dfrac{1}{2}\times2^2=2$　よって，A$(-4,\ 8)$，B$(2,\ 2)$　三平方の定理より，線分ABの長さは2点A，B間の距離だから，$\sqrt{\{2-(-4)\}^2+(2-8)^2}=\sqrt{36+36}=\sqrt{72}=$ <u>$6\sqrt{2}$</u>

(3) ① $a=1$のとき，点A，Bは$y=x^2$上にあるから，そのy座標はそれぞれ$y=(-4)^2=16$，$y=2^2=4$　よって，A$(-4,\ 16)$，B$(2,\ 4)$　直線ABの傾き$=\dfrac{4-16}{2-(-4)}=-2$　直線ABの式を$y=-2x+b$とおくと，点Bを通るから，$4=-2\times2+b$　$b=8$　直線ABの式は$y=-2x+8$　これより，C$(0,\ 8)$　$\triangle$OAB$=\triangle$OAC$+\triangle$OBC$=\dfrac{1}{2}\times$OC$\times$（点Aのx座標の絶対値）$+\dfrac{1}{2}\times$OC$\times$（点Bのx座標の絶対値）$=\dfrac{1}{2}\times8\times4+\dfrac{1}{2}\times8\times2=$ <u>24</u>

② 2点$(x_1,\ y_1)$，$(x_2,\ y_2)$の中点の座標は，$\left(\dfrac{x_1+x_2}{2},\ \dfrac{y_1+y_2}{2}\right)$で求められるので，点Pの座標はP$\left(\dfrac{-4+0}{2},\ \dfrac{16+8}{2}\right)=(-2,\ 12)$　直線ABとx軸との交点をDとすると，点Dのx座標は，直線ABの式に$y=0$を代入して，$0=-2x+8$　$x=4$　よって，D$(4,\ 0)$　三平方の定理より，AB$=\sqrt{\{2-(-4)\}^2+(4-16)^2}=6\sqrt{5}$，PD$=\sqrt{\{4-(-2)\}^2+(0-12)^2}=6\sqrt{5}$　よって，AB$=$PD$\cdots$①　$\triangle$OABと$\triangle$OPDで，高さが等しい三角形の面積比は，底辺の長さの比に等しいから，①より$\triangle$OAB$=\triangle$OPD$\cdots$②　点Dを通り，線分POに平行な直線と関数$y=x^2\cdots$③　との交点をQとすると，平行線と面積の関係より，$\triangle$OPD$=\triangle$OPQ$\cdots$④　②，④より，$\triangle$OAB$=\triangle$OPQが成り立ち，点Qは問題の条件を満たす。線分POの傾きは$\dfrac{12}{-2}=-6$より，直線DQの傾きも-6だから，直線DQの式を$y=-6x+c$とおくと，点Dを通るから，$0=-6\times4+c$　$c=24$　直線DQの式は$y=-6x+24\cdots$⑤　これより，点Qのx座標は③と⑤の連立方程式の解である。③を⑤に代入して，$x^2=-6x+24$　$x^2+6x-24=0$　解の公式より，$x=\dfrac{-6\pm\sqrt{6^2-4\times1\times(-24)}}{2\times1}=-3\pm\sqrt{33}$　ここで点Qのx座標は正だから，$x=$ <u>$-3+\sqrt{33}$</u>

⑤ (1) 図Ⅱは，縦の長さが$5+4=9$(cm)，横の長さが$5+4+4=13$(cm)なので，長方形Qの面積は，$9\times13=$ <u>$117\,(\mathrm{cm}^2)$</u>

(2) 図Ⅲは，縦の長さが$5+4\times2=13$(cm)，横の長さが$5+4\times(a-1)=4a+1$(cm)であり，その面積が377cm²なので，$13\times(4a+1)=377$　これを解いて，<u>$a=7$</u>

解 答

1. (1) 16　(2) $7a-20b$　(3) $2b^2$　(4) $5x+23$　(5) $8-\sqrt{3}$
2. (1) $y=-2x^2$　(2) 0.15　(3) $\dfrac{2}{3}$倍　(4) $\dfrac{5}{18}$　(5) 解説参照
3. (ア) $x+y+1$　(イ) $170x+90y+350$　(ウ) $110x+90y+350$　(エ) 7枚
4. (1) 解説参照　(2) ① $\sqrt{3}$cm　② $\left(\dfrac{5\sqrt{3}}{4}-\dfrac{\pi}{2}\right)$cm²
5. イ，エ

解 説

1. (1) 四則をふくむ式の計算の順序は，乗法・除法→加法・減法となる。また，$(-4)^2=(-4)\times(-4)=16$だから，$18-(-4)^2\div8=18-16\div8=18-2\underline{=16}$

　(2) 分配法則を使って，$2(5a-b)=2\times5a+2\times(-b)=10a-2b$，$3(a+6b)=3\times a+3\times6b=3a+18b$だから，$2(5a-b)-3(a+6b)=(10a-2b)-(3a+18b)=10a-2b-3a-18b=10a-3a-2b-18b\underline{=7a-20b}$

　(3) $14ab\div7a^2\times ab=14ab\times\dfrac{1}{7a^2}\times ab=\dfrac{14ab\times ab}{7a^2}\underline{=2b^2}$

　(4) 乗法公式$(a+b)(a-b)=a^2-b^2$より，$(x+1)(x-1)=x^2-1^2=x^2-1$　乗法公式$(x+a)(x+b)=x^2+(a+b)x+ab$より，$(x+3)(x-8)=x^2+(3-8)x+3\times(-8)=x^2-5x-24$だから，$(x+1)(x-1)-(x+3)(x-8)=(x^2-1)-(x^2-5x-24)=x^2-1-x^2+5x+24=x^2-x^2+5x-1+24\underline{=5x+23}$

　(5) 乗法公式$(a-b)^2=a^2-2ab+b^2$より，$(\sqrt{6}-\sqrt{2})^2=(\sqrt{6})^2-2\times\sqrt{6}\times\sqrt{2}+(\sqrt{2})^2=6-2\sqrt{12}+2=8-4\sqrt{3}$　$\sqrt{27}=\sqrt{3^3}=3\sqrt{3}$だから，$(\sqrt{6}-\sqrt{2})^2+\sqrt{27}=8-4\sqrt{3}+3\sqrt{3}\underline{=8-\sqrt{3}}$

2. (1) yはxの2乗に比例するから，$y=ax^2$と表せる。$x=2$のとき$y=-8$だから，$-8=a\times2^2=4a$　$a=-2$　よって，$\underline{y=-2x^2}$

　(2) 中央値はデータの値を大きさの順に並べたときの中央の値。生徒の人数は40人で偶数だから，通学時間の短い方から20番目と21番目の生徒がふくまれる階級が，中央値がふ

公立高校入試　対策問題

くまれる階級。15分以上20分未満の階級の累積度数は$2+5+10=17$（人），20分以上25分未満の階級の累積度数は$17+6=23$（人）だから，通学時間の短い方から20番目と21番目の生徒がふくまれる階級，すなわち，中央値がふくまれる階級は，20分以上25分未満の階級。その度数は6人だから，相対度数$=\dfrac{\text{各階級の度数}}{\text{度数の合計}}$より中央値がふくまれる階級の相対度数は，$\dfrac{6}{40}=\underline{0.15}$

(3) 球の半径をrとすると，円柱と球の体積はそれぞれ，$\pi r^2 \times 2r = 2\pi r^3$，$\dfrac{4}{3}\pi r^3$　よって，球の体積は円柱の体積の$\dfrac{4}{3}\pi r^3 \div 2\pi r^3 = \underline{\dfrac{2}{3}}$（倍）

(4) 2つのさいころを同時に1回投げるとき，全ての目の出方は$6\times 6=36$（通り）。このうち，点Pが頂点Dの位置に移動するのは，出た目の数の和が3，7，11のとき。これは，1つ目のさいころの出た目の数をa，2つ目のさいころの出た目の数をbとしたとき，$(a,\ b)=(1,\ 2)$，$(1,\ 6)$，$(2,\ 1)$，$(2,\ 5)$，$(3,\ 4)$，$(4,\ 3)$，$(5,\ 2)$，$(5,\ 6)$，$(6,\ 1)$，$(6,\ 5)$の10通り。よって，求める確率は$\dfrac{10}{36}=\underline{\dfrac{5}{18}}$

(5) （着眼点）点Cから線分ABへ垂線CHを引き，線分BH上にCH＝PHとなるように点Pをとると，△CPHは直角二等辺三角形であり，∠APC＝45°となる。（作図手順）次の①～③の手順で作図する。

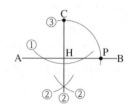

① 点Cを中心とした円をかき，線分AB上に交点をつくる。

② ①でつくったそれぞれの交点を中心として，交わるように半径の等しい円をかき，その交点と点Cを通る直線（点Cから線分ABに引いた垂線）を引き，線分ABとの交点をHとする。 ③ 点Hを中心として，半径CHの円を描き，線分BHとの交点をPとする。（ただし，解答用紙には点Hの表記は不要である）

3 （ア） 借りるDVDの枚数は，新作が1枚，準新作がx枚，旧作がy枚で，合計20枚だから，DVDを借りる枚数について，1（枚）$+x$（枚）$+y$（枚）$=20$（枚）　すなわち，$\underline{x+y+1}=20$…①が成り立つ。 （イ） 準新作のDVDを借りる枚数が4枚以下のとき，1枚あたりの料金は，新作が350円，準新作が170円，旧作が90円で，合計2200円だから，料金の合計について，350（円）$\times 1$（枚）$+170$（円）$\times x$（枚）$+90$（円）$\times y$（枚）$=2200$（円）　すなわち，$\underline{170x+90y+350}=2200$…②が成り立つ。 （ウ） 準新作のDVDを借りる枚数が5枚以上のとき，1枚あたりの料金は，新作が350円，準新作が110円，旧作が90円で，合計2200円だから，料金の合計について，350（円）$\times 1$（枚）$+110$（円）$\times x$（枚）$+90$（円）$\times y$（枚）$=2200$（円）　すなわち，$\underline{110x+90y+350}=2200$…③が成り立つ。 （エ） ①，②，③を整理すると，それぞれ$x+y=19$…④　$17x+9y=185$…⑤　$11x+9y=185$…⑥　準新作のDVDを借りる枚数が4枚以下の場合について，④と⑤の連立方程式を解く。⑤－④$\times 9$より，$17x-9x=185-171$　$x=1.75$　xは整数だから，これは問題に合わ

ない。準新作のDVDを借りる枚数が5枚以上の場合について，④と⑥の連立方程式を解く。⑥－④×9より，$11x-9x=185-171$　$x=7$　これは問題に合っている。よって，準新作のDVDを借りる枚数は<u>7枚</u>である。

④ (1)　（証明）　（例）△ABCと△BDCにおいて，線分ABは直径だから，

　　　∠ACB＝∠BCD＝90°…①　△ABCで∠ACB＝90°だから，∠BAC＝90°－∠ABC…②

　　　また，∠ABD＝90°だから，∠DBC＝90°－∠ABC…③　②，③から，∠BAC＝∠DBC…

　　　④　①，④より，2組の角がそれぞれ等しいので，△ABC∽△BDC

　(2)①　△ABC∽△BDCより，AC：BC＝BC：DC　BC×BC＝AC×DC　$BC^2=3\times1=3$

　　　BC＞0より，BC＝<u>$\sqrt{3}$ (cm)</u>

　　②　△ABCは，∠ACB＝90°，AC：BC＝3：$\sqrt{3}$＝$\sqrt{3}$：1より，30°，60°，90°の直角三角

　　　形で，3辺の比は2：1：$\sqrt{3}$　△ABC∽△BDCより，△BDCも30°，60°，90°の直角三角

　　　形で，3辺の比は2：1：$\sqrt{3}$　これより，AB＝2BC＝$2\sqrt{3}$(cm)　BD＝2CD＝2(cm)

　　　△OBCはOB＝OCで，∠OBC＝60°だから正三角形で，∠BOC＝60°　点Cから線分AB

　　　へ垂線CHを引く。△ABCの底辺と高さの位置をかえて面積を考えると，$\frac{1}{2}\times AB\times CH$

　　　$=\frac{1}{2}\times AC\times BC$　$CH=\frac{AC\times BC}{AB}=\frac{3\times\sqrt{3}}{2\sqrt{3}}=\frac{3}{2}$(cm)　以上より，求める面積は，

　　　△ABD－△ACO－（おうぎ形OBC）$=\frac{1}{2}\times AB\times BD-\frac{1}{2}\times AO\times CH-\pi\times OB^2\times\frac{60°}{360°}=$

　　　$\frac{1}{2}\times2\sqrt{3}\times2-\frac{1}{2}\times\sqrt{3}\times\frac{3}{2}-\pi\times(\sqrt{3})^2\times\frac{60°}{360°}=\underline{\frac{5\sqrt{3}}{4}-\frac{\pi}{2}}$ (cm²)

⑤　ア　度数分布表の中で度数の最も多い階級の階級値が最頻値だから，表1において，度数が11人で最も多い35kg以上40kg未満の階級の階級値$\frac{35+40}{2}=37.5$(kg)が最頻値。アは正しくない。　イ　一番小さい階級から，ある階級までの度数の合計が累積度数だから，表2において，45kg未満の累積度数は，25kg以上30kg未満の階級から40kg以上45kg未満の階級までの度数の合計で，$1+3+3+5=12$(人)である。<u>イ</u>は正しい。　ウ　データの最大の値と最小の値の差が分布の範囲だから，表1における範囲は大きめに見積もって$50-30=20$(kg)より小さく，表2における範囲は小さめに見積もって$50-30=20$(kg)より大きく，表1における範囲より大きい。ウは正しくない。　エ　相対度数＝$\frac{各階級の度数}{度数の合計}$　表1における30kg以上35kg未満の階級の相対度数は$\frac{4}{25}=0.16$，表2における30kg以上35kg未満の階級の相対度数は$\frac{3}{15}=0.20$で，表1における相対度数の方が小さい。<u>エ</u>は正しい。

公立高校入試シリーズ

目標得点別・公立入試の数学 基礎編

2023年8月7日　初版発行

発行者　　　　　　佐藤　孝彦
編　集　　　　　　大川　夏樹
　　　　　　　　　有限会社マイプラン
表紙・本文デザイン　守屋　温子
発行所　　　　　　東京学参株式会社
　　　　　　〒153-0043　東京都目黒区東山2-6-4
　　　　　　［編集部］TEL 03-3794-3002　FAX 03-3794-3062
　　　　　　［営業部］TEL 03-3794-3154　FAX 03-3794-3164
　　　　　　〈URL〉https://www.gakusan.co.jp
　　　　　　〈E-mail〉hensyu@gakusan.co.jp
印刷所　　株式会社シナノ

ISBN978-4-8141-2558-6